贾东　主编　建筑设计·教学实录　系列丛书

过程与集训·风景园林快题设计

彭　历　杨　鑫　著

U0296028

中国建筑工业出版社

图书在版编目（CIP）数据

过程与集训·风景园林快题设计 / 彭历，杨鑫著. — 北京：中国建筑工业出版社，2018.12（2023.8 重印）
（建筑设计·教学实录 系列丛书 / 贾东主编）
ISBN 978-7-112-22960-4

Ⅰ.①过⋯ Ⅱ.①彭⋯②杨⋯ Ⅲ.①园林设计 — 教学研究 — 高等学校 Ⅳ.① TU986.2

中国版本图书馆CIP数据核字（2018）第264409号

本书为风景园林专业方向的快题设计，作者通过对教学过程中关于园林景观、园林快题设计实例的方案推演步骤、过程解析、案例及评析三个层面的分析，以期对风景园林专业的快题设计课程的学习和巩固提供优秀的方法和借鉴意义。本书适用于风景园林专业方向的师生阅读。

责任编辑：唐　旭　张　华
责任校对：芦欣甜

贾东主编　建筑设计·教学实录　系列丛书

过程与集训·风景园林快题设计
彭　历　杨　鑫　著
＊
中国建筑工业出版社出版、发行（北京海淀三里河路9号）
各地新华书店、建筑书店经销
北京点击世代文化传媒有限公司制版
北京中科印刷有限公司印刷
＊
开本：787×1092毫米　1/16　印张：13¾　字数：261千字
2019年2月第一版　2023年8月第二次印刷
定价：58.00元
ISBN 978-7-112-22960-4
　　（32999）

版权所有　翻印必究
如有印装质量问题，可寄本社退换
（邮政编码 100037）

前　言 | PREFACE

自 2011 年 3 月 8 日起，风景园林学正式成为一级学科，与建筑学、城乡规划学并列为工学门类一级学科，此举对风景园林学教育事业的发展起到了极大推动作用，目前全国已有近两百所高校设立了风景园林专业。风景园林快题设计是风景园林专业教学，特别是本科教学中的必修环节，更是各个高校风景园林专业研究生入学考试、设计单位人员招聘测试中的重要考核方式。因此，具备良好的快题设计能力不仅是专业学习的要求，更是设计能力及素养的体现。

北方工业大学建筑与艺术学院自 2009 年开始至今已连续招收十届风景园林专业本科生，在过去六届毕业生中有近七十人考上 985、211 及一本院校的硕士研究生，考研率逐年提升。考研升学率的提升在一定程度上得益于快题设计教学中的系统培养，从认知、设计思路、设计方法、图纸表现等方面为学生打下了良好的基础，使学生掌握了手、眼、脑有效互动的良好设计能力。本书笔者长期执教风景园林专业设计课程，并指导了每届风景园林专业本科生的快题设计培训，积累了较为丰富的快题设计教学成果，为本书提供了翔实的基础材料。

本书顺利撰写完成得益于贾东教授的指导与支持，并有幸成为贾东教授主编的"建筑设计・教学实录系列丛书"中的一本。本书从风景园林快题设计方案推演、设计过程解析、案例评析三个方面对教学中的成果进行了总结。重点梳理了不同类型的十二个快题设计案例及优秀设计作业，并针对每一份快题设计作品进行了深入地评讲，以期通过本书能为风景园林专业的学习者提供快题设计练习的参考与帮助。

本书在"北京市人才强教计划——建筑设计教学体系深化研究项目、北方工业大学重点研究计划——传统聚落低碳营造理论研究与工程实践项目、北京市专项——专业建设 - 建筑学(市级)PXM2014_014212_000039、2014 追加专项——促进人才培养综合改革项目—研究生创新平台建设 - 建筑学（14085-45）、本科生培养 - 教学改革立项与研究（市级）- 以实践创新能力培养为核心的建筑学类本科设计课程群建设与人才培养模式研究（PXM2015_014212_000029）、北方工业大学校内专项——城镇化背景下的传统营造模式与现代营造技术综合研究"的资助下最终得以出版。书中难免有不足之处，还望诸位不吝指正。

彭　历

2018 年于北方工业大学

目 录 | CONTENTS

第1章 | 风景园林快题设计方案推演步骤

1.1 任务书内容解读及场地分析

在风景园林快题设计的过程中，任务书的解读是最基础的一个步骤，所有的方案构思、方案生成、方案深化、图纸表达过程都要首先依靠任务书的详细剖析。针对快题设计的特点，任务书的解读需要在短时间内掌握最全面、最关键的信息点。风景园林快题设计的任务书通常包括以下的主要内容。

1.1.1 区位条件

区位条件是任务书内容提取的基础内容，只有确切了解设计场地所处的位置，周边的用地类型，才能够对方案进行基本的定位和定性。例如，如果场地处于某大城市的中心地带，周边以商业、居住为主，那么场地的设计要求可能是一处热闹的广场或公园；如果场地所处城市边缘地区或郊区，周边以农田、村庄为主，那么场地的设计可能更适合于一处以自然环境为主的郊野公园（图 1-1）。

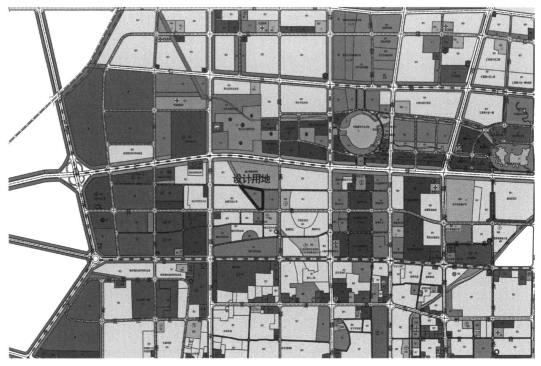

图 1-1 设计用地位于山东某新城中心，周边以商业、居住区用地为主

1.1.2　自然条件

自然条件包括设计场地所处的不同的地理环境，场地的地形、地势、方位、风力风向、温度湿度、土壤类型、雨量、日照等。对于风景园林快题设计来讲，自然条件是至关重要的信息点。由于风景园林设计本身具有明显的地域性特征，不同的地区自然条件千差万别，那么所选择的植物品种，地形处理方式，水景的面积等就会有很大差别。例如，北京林业大学 2005 年硕士研究生入学考试园林设计试题——校园规划与设计中，明确提出了地处华北地区，那么在植物种植设计中，就要考虑选择适于华北地区生长的植物品种。同时，水景的面积以小为宜，毕竟北方与南方的自然条件相比，水资源还是相对匮乏的。所以，除非场地本身地处水域，否则大面积的水景将不适宜于场地的设计。

1.1.3　场地条件

场地条件是在掌握以上的区位条件和自然条件后，进一步对任务书的详细解读。场地的条件包括两个层面，周边环境的详细情况和场地内部的现状情况。周边环境包括场地周围好的、可利用的景物，不好的、需要遮挡的景物，周边建筑的造型、风格，空间距离、人流方向，维护管理情况，交通情况等，对周边情况的详细解读和把握，有助于合理安排场地的功能布局和空间布局，是方案设计的重要依据。场地内部的现状情况包括场地的红线范围，场地内部的自然条件，使用人群，可利用的资源情况等。在快题设计中，如果能够很好地利用场地内部的优势资源，在现状基础上进行改造设计，将能够大大提高方案的专业性，使方案设计有据可依。

在任务书中，场地条件有时是通过文字的形式叙述的，有时是表现在图纸上的，需要设计者仔细读图，敏锐地分析和把握场地的各类条件（图 1-2 ~ 图 1-4）。

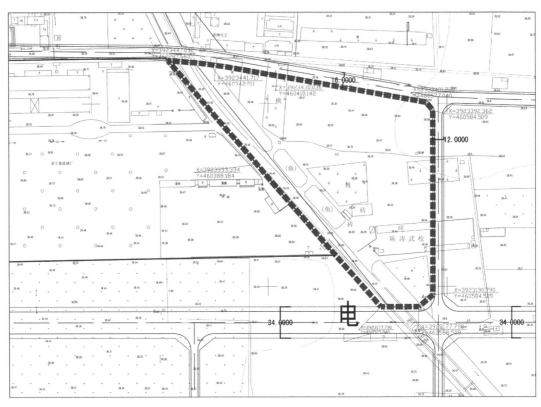

图1-2 山东某新城中心区城市公共绿地：从现状图中可以分析出场地内部的一些情况，包括场地地形标高、现有建筑、鱼塘、桃树等

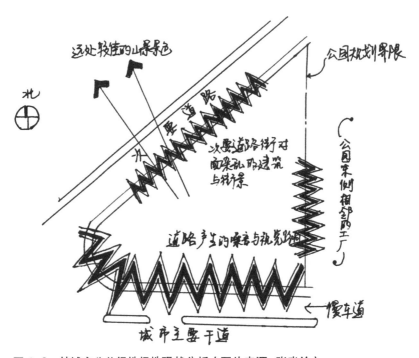

图1-3 某城市公共绿地场地现状分析（图片来源：张淼绘）

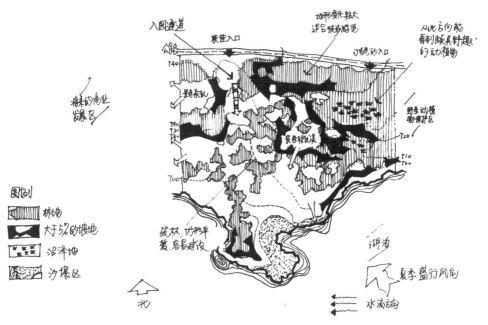

图 1-4 某公园场地现状分析（图片来源：张淼绘）

1.1.4 人文条件

人文条件是快题设计任务书中较宽泛的一类条件，通常不会明确地描述，需要在任务书整体解读的基础上进行分析与把握。人文条件包括历史文化、民俗风情、经济发展、社会制度、教育、娱乐、交通、治安、城市风貌等。这些条件虽然不能直接影响快题设计的方案表达，但却是方案构思、主题确定的基础和思路的来源。有效地把握人文条件能够使方案设计更多地展现文化内涵，并使方案的定位更加准确。

1.1.5 设计要求

任务书中的设计要求部分是与快题设计最终成果评定直接相关的部分，通常对设计的图纸深度、图纸表达方式、图纸比例、尺寸标注、制图时间、图纸成果等做出详细要求。设计者需要提前掌握这些要求，避免重复修改，合理安排时间，有的放矢。

1.2 设计灵感的挖掘

在上述任务书的解读及场地分析过程中，对设计题目有了全面的把握。在对现状的详细分析基础上，就是对方案设计的主题确定。设计的主旨理念在风景园林快题设计中是至关重要的，在有限的、紧张的时间内，设计主题有利于统领设计的各个步骤，使方案的概念设计与深化设计都紧紧围绕某一主题进行，将思维集中，节省时间，理清思路。另外，明确的、富有创意的恰当主题选择有利于在诸多的快题设计中脱颖而出，在短时间内抓住眼球，获得良好的第一印象。

那么，方案的主题确定需要一个设计灵感的挖掘过程。灵感的来源通常有很多角度，以下列举一些快速有效的思考方法。

（1）从历史文化的角度入手，提取具有典型文化寓意，同时又具有可提炼形式语言的要素。这一思考角度不仅能够展现方案的文化内涵，又可以很快地确定方案设计的整体构图与布局，使主题与形式环环相扣。

（2）从场地现有自然条件入手，充分利用优势资源，提取场地原有的，最具有代表性的景观元素作为设计主题，体现因地制宜，充分改造的设计意图。这一方法在一些面积较大的公园中较常用，例如，利用公园现有的地形环境或水系环境，打造一处田园风光、山水环抱、疏林草地的自然环境等。例如，河北廊坊某迎宾大道的道路节点公园设计，抓住了现状谷地的自然特征，补种各类野生花卉，打造了一处"花溪谷地"（图1-5）。

图1-5 河北廊坊某迎宾大道的道路节点公园设计

（3）从场地及周边的氛围与风格入手，抓住特殊的环境气氛需求，从而确定恰当的主题立意。例如，校园环境、居住环境、休疗养环境等是需要特殊的环境氛围来支撑方案的设计，这就需要针对不同的使用人群和环境特征来明确设计主题。

设计灵感的来源有很多，可能产生于任务书的解读过程中，现状分析的过程中，或之前的方案积累。针对快题设计来讲，需要在短时间内，快速捕捉设计灵感，完成主题的确定和方案的概念设计。通常要借助于各类图纸的表达来帮助思考，同时，这些图纸也是展现方案设计独特构思的途径（图 1-6 ~图 1-8）。

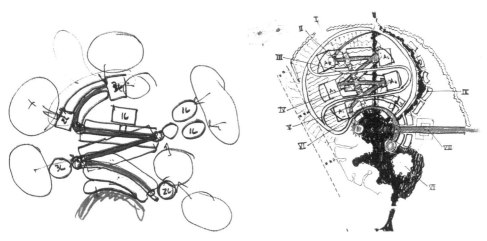

图 1-6　平面草图是方案构思过程中常用的表达方式之一（图片来源：《you are here》）

图 1-7　通过局部透视图的构思，思考恰当的环境氛围定位

图 1-8　快速的透视图表达，有助于方案空间性质和空间布局的思考

1.3　概念性草图的绘制

　　概念草图相对于前一个设计构思的阶段来讲，是一个归纳思维的展现。在设计主题确定之后，需要将抽象的主题形象化，以便进一步应用于方案设计当中。某一个确定的主题概念，可以对应多种具体的形象，而设计形式确定的这一过程决定了设计主题利用的充分与否。通常，在这一过程中可能会产生多个初步的概念性方案，并需要取舍与对比，而图纸的表达在其中表现出了重要的作用（图1-9）。

　　概念性草图虽然表达的是方案设计最初步的概念构思，深度有限，但在整个快题设计的过程当中却占有必不可缺的位置。它是展现方案设计缘由的图纸，能够清晰表达设计思维和逻辑过程。概念性草图可以不必过多地表达方案的设计细节，应更多地强调方案主题与方案设计之间的衔接性，侧重表达场地的空间布局特征、场地的路网结构、出入口位置、场地设计的整体构图形式等，在整体上控制场地设计的大结构，以便下一步进行方案的局部深化。

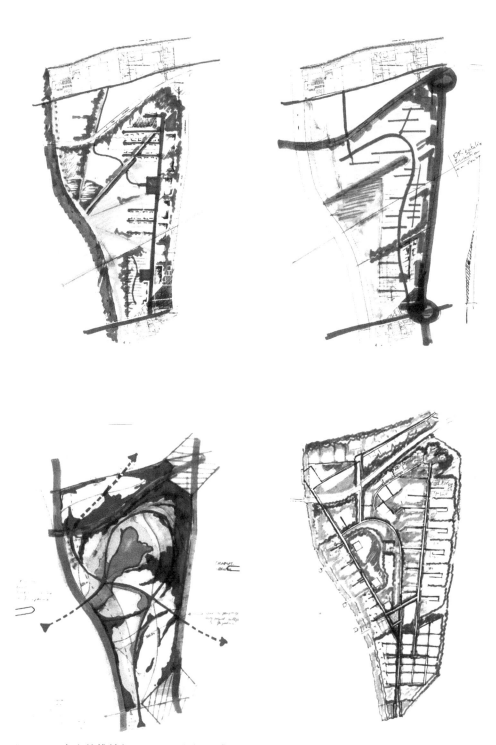

图 1-9　方案的推敲与对比（图片来源：《Design Master》）

　　概念性草图侧重表达的内容与设计主题是紧密联系的，有些主题与场地自然条件相关，那么概念性草图可选择植物种植结构、水系结构或地形结构来进行表达，以突出主题性。有些主题是与历史文化相关，概念性草图可更多地表现构图形式，道路骨架结构等与主题紧密结合的设计要素来表现（图1-10～图1-13）。

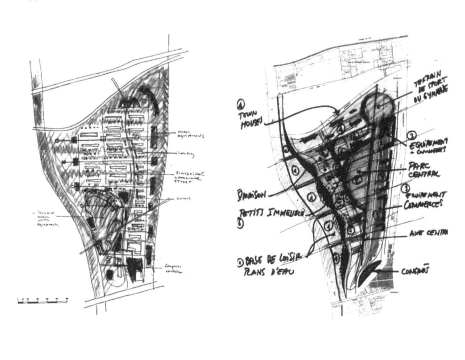

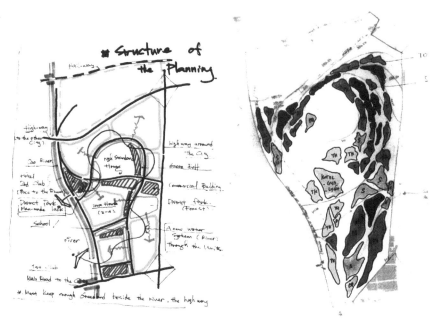

图1-10　概念性草图侧重表达的不同内容（图片来源：《Design Master》）

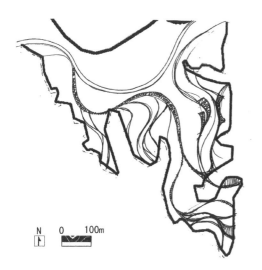

图 1-11　某滨水花园方案构思：平面图是概念草图表达的主要手段，该草图表达了场地设计的主要形式语言与布局特征

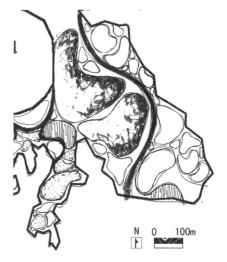

图 1-12　某滨水花园方案构思：该概念性草图重点表达了不同植物种植方式的分布特征，并以此形成突出的布局形式

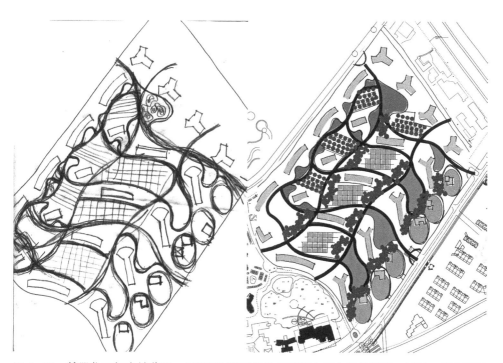

图 1-13　某居住区概念性草图：主要表达路网结构与建筑布局之间的关系，同时又划分不同景观空间，展现各具特色的环境特征

1.4 正式图的创意表达

从任务书的解读、场地分析，到主题构思、概念草图，最终的一步是正式图纸的表达。在之前每一步的积累，都为最后正式图纸做准备。正式图纸不仅包含详细的方案设计平面图，还应该包含设计的构思图、各类分析图，以及方案深化图。正式图纸的创意表达展现的是各类图纸之间清晰的逻辑关系，是整个快题设计过程完整、准确的展现。所以，不仅要具有上述各个步骤的设计思路和过程，更要有最后的正式图表达，这样才能将一个完整的设计完美地展现出来。

正式图纸的表达主要与两个层面的内容相关，一是图纸内容，二是图纸排版。图纸内容按照不同的任务书要求各有差异，通常包含现状分析图、主题构思图、功能分区图、交通路线图、空间布局图、总平面图、鸟瞰图、透视图、剖立面图、文字说明、标题等（图 1-14、图 1-15）。

图 1-14 庭园设计方案：该正式图纸涵盖的内容量很丰富，清晰地表达了设计的主题、方案的灵感来源、方案的分析图、总平面图、剖立面图、透视图、文字说明。图纸的排版也清晰地展示了设计的整个思考过程，但排版略显拥挤

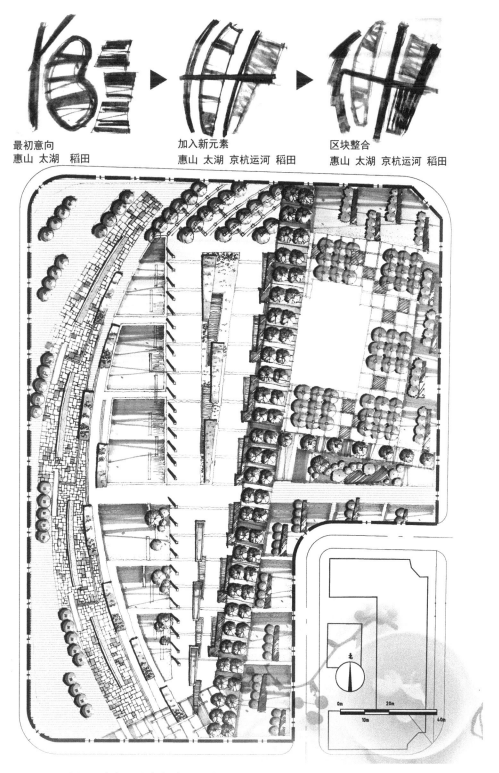

最初意向
惠山 太湖 稻田

加入新元素
惠山 太湖 京杭运河 稻田

区块整合
惠山 太湖 京杭运河 稻田

图 1-15　广场设计方案（张力骋绘）：这一方案正式图纸很好地展现了方案的整个构思过程，简洁、清晰。在排版上与平面图所占面积的比例关系控制较好，以灰黑色的分析图衬托出平面图的重要形

第2章 | 风景园林快题案例设计过程解析

2.1　城市滨水绿地设计

2.1.1　题目解析

　　南方某市有一块场地将要进行规划设计，该场地位于该城市滨水绿地的一部分，设计时需要考虑整个滨水绿地的整体性，注意与周边绿地的联系，场地内最大高差近 6 米，设计时需考虑高差（图 2-1）。

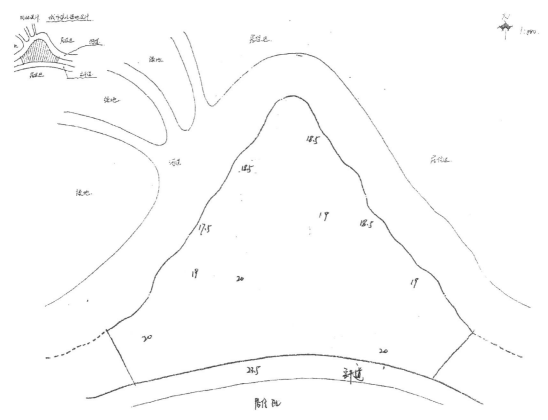

图 2-1　设计底图

2.1.2　设计要求

（1）设计内容

①设置一个 20 个停车位的机动车停车场

②设置一个自行车停车场

③在场地内合适的地方设置一个 1000 平方米的综合型建筑（兼茶室、卫生间、管理于一体）

④建筑外部设置露天茶座和一小型儿童游乐场地

⑤设置一个小型游船码头

（2）设计任务

①平面图 1:600

②鸟瞰图 1 张

③图纸画在 A2 的复印纸上

（3）时间要求

6 个小时

2.1.3 设计过程

2.1.3.1 解读设计要求

在快题设计考试紧张的状态之下，很多考试者不可避免地会产生慌乱的心理。在这样的情况下，拿出一部分时间详细解读设计要求是很重要的。

其一，每个考题都有一定的特殊性，把握考题的关键考查点是至关重要的。针对城市滨水绿地设计这个题目，首先题目中说明该地块在南方，在设计构思中需要考虑南方的气候条件适合的植物，还有适宜南方特色的景观处理（图 2-2）；

其二，设计要求中通常明确提出场地的设计定位，一旦误读，定位偏差，将对整个设计产生很大影响。该题目要求对场地进行规划设计，该场地属于该城市滨水绿地一部分，要求在设计中要考虑与周边绿地联系和整个滨水绿地的整体性，打造融入城市中的滨水绿地景观（图 2-2）；

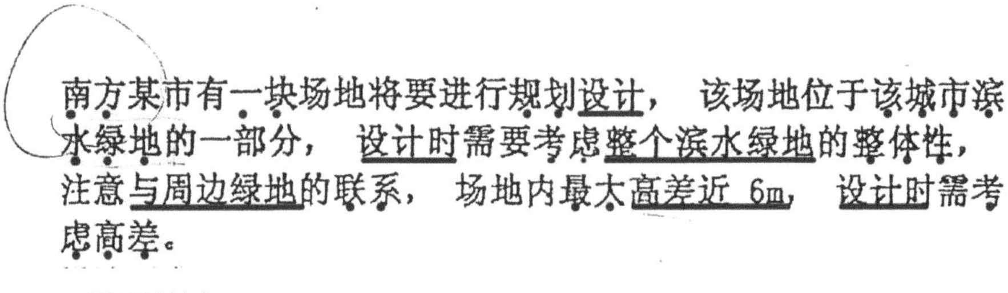

南方某市有一块场地将要进行规划设计， 该场地位于该城市滨水绿地的一部分， 设计时需要考虑整个滨水绿地的整体性，注意与周边绿地的联系， 场地内最大高差近 6m， 设计时需考虑高差。

图 2-2　题目关键点

其三，设计要求中提出的设计要点、制图要求与成果要求通常会成为评判快题设计的基础点，包括设置能容纳 20 个停车位的机动车停车场、设置自行车停车场、设置 1000 平方米的综合型建筑、露天茶座、小型儿童游乐场地和小型游船码头，另外还有平面图绘制要求 1:600、鸟瞰图、纸张要求 A2，以上每一条都不能忽视，保证图纸整体的完整性和规范性（图 2-3）；

其四，在解读任务书的过程中，也可以平复考试紧张的心情，带领考生慢慢进入设计状态。总之，解读任务书的这一阶段是绝对不能忽视的，它是快题设计重要的敲门砖。

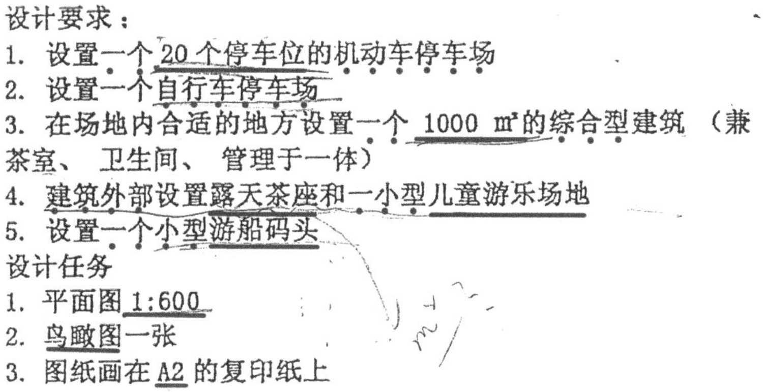

设计要求：
1. 设置一个 20 个停车位的机动车停车场
2. 设置一个自行车停车场
3. 在场地内合适的地方设置一个 1000 ㎡的综合型建筑（兼茶室、卫生间、管理于一体）
4. 建筑外部设置露天茶座和一小型儿童游乐场地
5. 设置一个小型游船码头
设计任务
1. 平面图 1:600
2. 鸟瞰图一张
3. 图纸画在 A2 的复印纸上

图 2-3　设计要求关键点

2.1.3.2　现状分析

快题设计要求在较短的时间内完成一套设计图纸，其中，整体思路的把握是至关重要的。在认真理解了设计要求的基础上，需要有一套清晰的思路指导设计的完成。对场地设计现状条件的分析，是正式进入快题设计的第一步（图 2-4）。

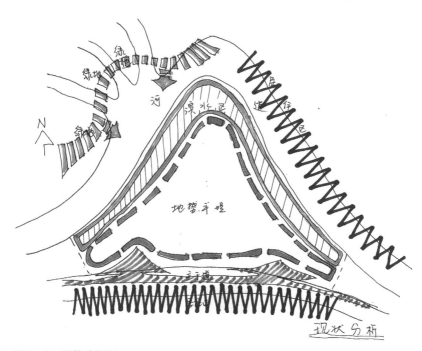

图 2-4　现状分析图

场地的周边环境比较简单，场地北面为河道，北、东、南三面均是居住区，西侧都是绿地，这直接影响到场地设计的定位、使用人群，以及场地主要出入口、分区等规划内容，所以对周边环境的分析是设计着手的基础。

该场地属于该城市滨水绿地的一部分，保持整个滨水绿地的整体性体现了现状分析的重要性。场地之中的 6 米高差，以及河道是需要特殊考虑的，怎样结合河道与高差规划设计成为一个关键点。

点评：

在该地块中，首先要考虑与水景的结合。设计时怎样将河道的水引入场地内的景观，既保证整个绿地景观整体性，也为场地增添了趣味性。场地之中的高差也是一个可以运用的设计元素，6 米的高差可以形成微地形。复杂的现状既是挑战也是机会，容易形成比较突出的方案设计主题和巧妙的处理手段。

2.1.3.3 方案构思

方案设计构思中的主题确定能够为快题设计加分，尤其是在南方城市滨水绿地这样的场地中，南方和水让人联想到了水车，以水车的造型改变简化成设计元素，恰当的主题能够突出场地设计的整体性，使整个快题设计内容更丰富（图2-5 ）。

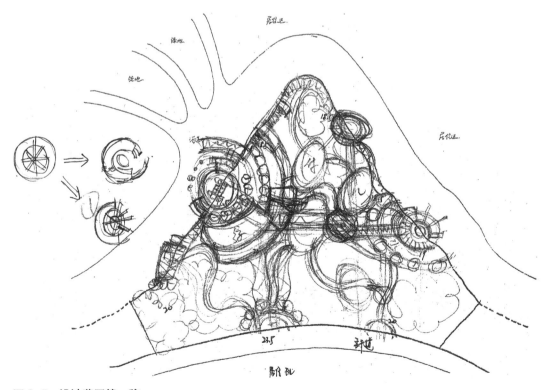

图 2-5　设计草图第一稿

　　该场地的构思主题以水车作为切入点，水与南方，让人很自然的联想到了南方特别的景色——水车。作为城市滨水绿地的一部分，设计中除了要与周边河道相结合，还要注意与场地周边绿地保持整体性，能与之遥相呼应。水车独特的结构和材质，为设计提供了一定的形式感和材质性，提炼水车的轮廓，并进一步抽象化，与场地内的道路组织、空间布局相对应。曲线的形式与水的柔美相呼应，又可以灵活设计，将略显硬质的景观软化（图 2-6）。

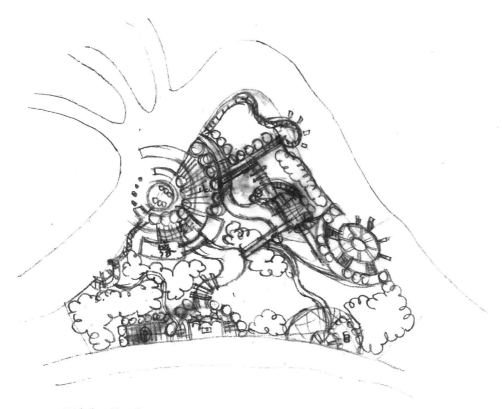

图 2-6　设计草图第二稿

　　点评：

　　以水车作为设计主题的切入点，可以将场地的景观设计直接与地域特性对话；同时，抽象的水车与水带的图案感和流线性将使整个方案的整体性加强；另外，将河道的水引入场地中，既呼应了滨水绿地，也丰富了场地中景观的层次。

　　2.1.3.4　基本图纸绘制

　　（1）分析图

　　功能分区按照场地现状及周边环境的分析得出，与道路系统相配合。功能分区保证满足动静区域的隔离、不同活动区域的基本需求等（图 2-7）。

　　交通分析用以组织道路系统，形成完整合理的交通体系。其中将道路划分

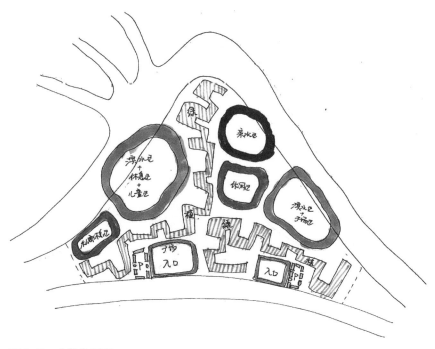

图2-7　功能分区图

为两个级别，主路 3 米，保证消防安全，支路 1.5 ~ 2 米，满足游人的游览、活动需求。交通道路结合场地、主要入口、次要路口、停车场等内容，在划分空间的同时，还形成了良好的形式感（图 2-8）。

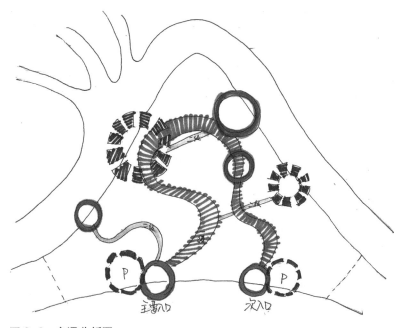

图2-8　交通分析图

景观结构图能够将场地的主轴和次轴划分开，使场地的层次更加分明，结构清晰，与功能分区和道路系统相配合，重点表现不同区域景观设计的要素、风格、空间感受等（图 2-9）。

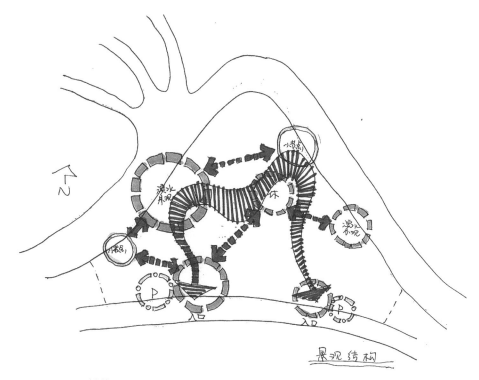

图 2-9 景观结构图

点评：

现状分析、功能分区、交通分析、景点结构是方案设计的基本分析图纸，这四类分析图彼此紧密联系、相互影响，同时，不同的分析图侧重点有所不同。应该分析重点，在图纸上清晰、简练地表现相关内容。

（2）平面图

在分析的基础上生成方案，可以使整个快题设计的逻辑性增强。方案设计的第一步是场地总体设计的把握。首先，在交通流线分析的基础上结合现状，按照比例尺度的要求确定道路系统，它将是场地设计的骨架；其次，在功能分区的基础上深化不同区域的活动内容，注意整体活动场地的疏密分布以及活动场地的面积大小；最后，在景点布置的基础上结合功能定位，进一步细化场地内的活动设施、植物、铺装、小路等。自此过程中，要时刻注意整体构图、空间布局以及设计主题的把握，以免在深化的过程中局部破坏整体（图 2-10、图 2-11）。

方案墨线确定之后，色彩表现是关键的一步。首先，整体色彩风格的选择

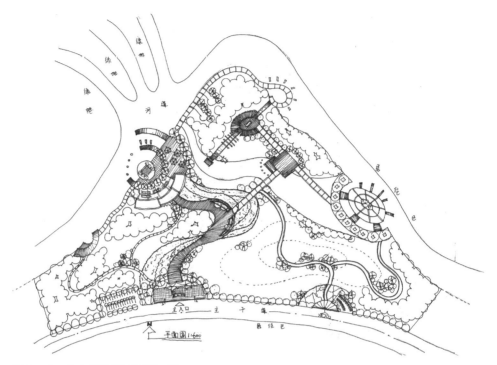

图 2-10　方案设计平面图第一稿

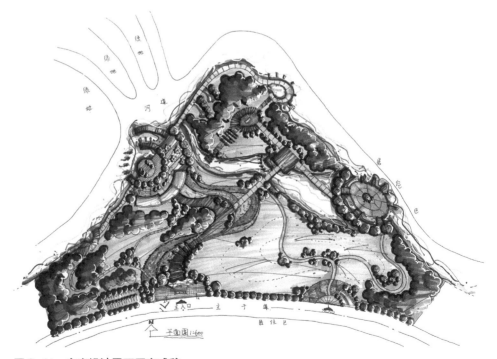

图 2-11　方案设计平面图完成稿

可以与方案设计的主题相呼应，以更好地展现整个快题设计的效果；其次，草地和树木的表现通常在景观设计类快题设计考试中占绝大部分的画面，广场、建筑小品、水景等通常是辅助的表现部分，所以草地与树木表现的色调控制是至关重要的，同时要注意阴影的绘制，它是增加画面层次感的关键；最后，图纸画面中的留白是很关键的，留白能够衬托其他表现要素，同时形成对比效果，使画面整体表现力更强；一些点缀性的表现要素可以适当选择一些色彩跳跃性较强的颜色，使整个画面更加丰富，但要注意不可过多。

点评：

该方案设计的平面图较为成熟、颜色明亮活泼、与场地特性对应、构图形式流畅、空间划分合理。场地方案是根据现状和主体所形成的，合理的主体为方案设计增添了趣味性，在充分考虑了现状和需求的基础上，形成了结构清晰、活动丰富的休闲空间。

方案平面图的色彩表现基本达到要求，所选内容轻快活泼，使人以眼前一亮。

2.1.3.5 详图绘制（图 2-12 ~ 图 2-14）

图 2-12 剖面图 1-1

图 2-13 效果图 1

图 2-14 效果图 2

点评：

剖面图、效果图与方案设计相符，能够真实地反映方案的详细设计内容。图纸表现一般，剖面图不够细致，可绘制 1 : 200 比例的立面图，能够更清楚地表现设计的要素。

2.1.4　成果分析

本方案设计主题鲜明，将绿地与城市河道紧密结合，较好地理解了设计要求的关键点。方案形式感较强、路线流畅、空间布局合理、功能丰富。方案的景观设计很好地将场地特点运用到设计之中，以水车这一南方特色形象的抽象表现形式来形成场地的构图，将水带的柔美与水车的主题相呼应，使方案本身具有较好的创造性。

整个方案的快题设计思路很清晰，从分析问题、方案构思，再到现状、功能和景点的组织，最后生成方案设计平面，逻辑性较强。

剖面图与效果图准确表达了设计意图，但线条表现与色彩表现不突出。

方案设计的图纸排版清晰规整，基本达到设计要求中提到的相关图纸绘制要求（图 2-15、图 2-16）。

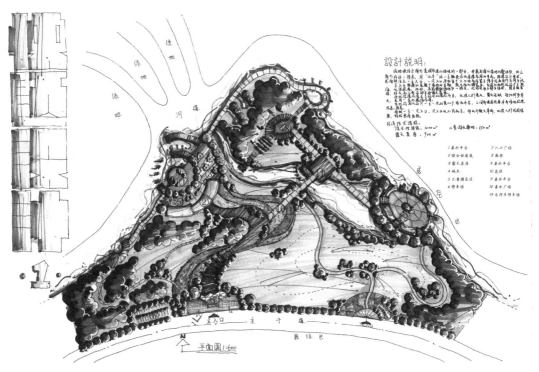

图 2-15　城市滨水绿地快题设计图纸 1

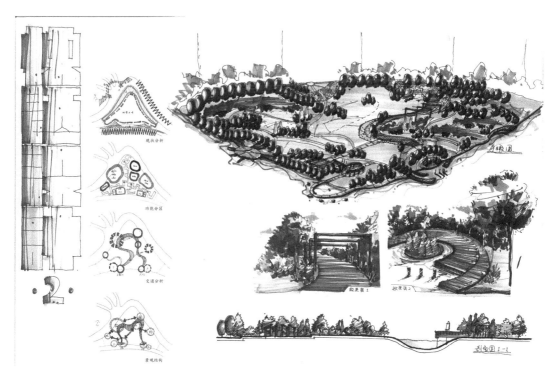

图 2-16　城市滨水绿地快题设计图纸 2

2.2　校园规划与设计

2.2.1　真题原文

北京林业大学 2005 年硕士研究生入学考试园林设计试题——校园规划与设计。

中国华北地区电影艺术高校校园需要根据学校的发展进行改造。校园南临事业单位、北接教师居住小区，东、西两侧为城市道路。校园内部分区明确：南部为生活区、北部为教学区、主楼位于校园中部，其西侧为主出入口（详见总平面图 2-17），校园建筑均为现代风格。随着学校的发展，人口激增、新建筑不断增加、用地的日趋紧张，户外环境的改造和重建已成为校园建设的重要问题。当前，校园户外环境建设亟需解决两方面的问题：

1. 校园景观环境无特色：既没有体现出高校应有的文化气氛，更无艺术院校的气质；

2. 未能提供良好的户外休闲活动和学习交流空间。该校校园绿地集中布置于主楼南北两侧，是其外部空间的主要特征。由于没有停留场所，师生对绿地

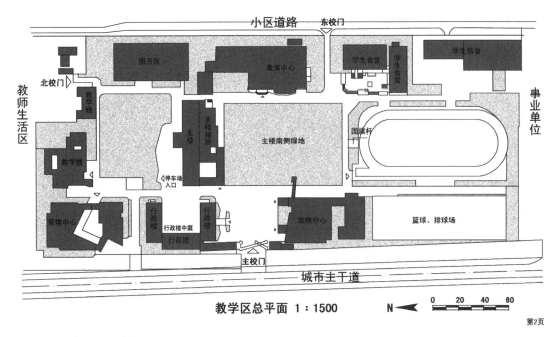

教学区总平面 1：1500　　N

图 2-17　第二页设计底图

的体会基本上是"围观"或"践踏"两种方式，因此需要对校园内的外部空间进行重新的功能整合和界定，以满足使用要求并形成亲人的外部空间体系。

2.2.2　设计要求

1. 户外空间概念性规划图

根据你的设想，以分析图的方式，完成校园户外空间的概念性规划，并结合文字，概述不同空间的功能及所应具有的空间特色和氛围，文字叙述你在规划中对树种选择的设想。图纸比例 1：1500。

2. 中心区设计图：在户外空间概念性规划的基础上，完成校园中心区设计。校园中心区是指以西出入口内广场、行政楼中庭和主楼南部绿地为核心的区域（如图 2-18，灰色方框内），设计中应充分体现其校园文化特征，并满足多功能使用要求。图纸比例，1：600。

3. 中心区效果图：请在一张图幅为 A3 的图纸上完成效果图 2 张，鸟瞰或局部透视均可。

注：校园内路网可根据需求调整。主楼北侧绿地地下已规划地下停车场，地面不考虑停车需求。第二页和第三页为规划设计底图，概念性规划和中心区设计图可直接在第二页、第三页上完成，也可用自带纸。所有图纸纸张类型不限，图幅为 A3。

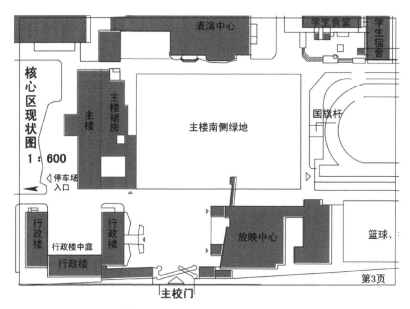

图 2-18 第三页设计底图

2.2.3 考题详解·设计思路生成

对考题的解读，直接导致设计思维的走向与设计作品的成败。把握好这几百字的内容，不仅可以使人获得判断设计作品好坏、对错的标准，而且可以在各种"潜台词"的要求下，设计出符合场地特色、具有巧妙布局的优秀作品。所以开始做设计前，用"基础解题"与"深度挖掘"的反复读题、根据给出条件进行思维发散的方式，能够最大限度地的完成设计目标。

中国华北地区电影艺术高校校园需要根据学校的发展进行改造。校园南临事业单位，北接教师居住小区，东、西两侧为城市道路。校园内部分区明确，南部为生活区，北部为教学区，主楼位于校园中部，其西侧为主出入口（详见总平面图），校园建筑均为现代风格。随着学校的发展，人口激增，新建筑不断增加，用地日趋紧张，户外环境的改造和重建已成为校园建设的重要问题。当前，校园户外环境建设急需解决两方面的问题：

1 校园景观环境无特色。既没有体现出高校所应有的文化气氛，更无艺术院校的气质。

2 未能提供良好的户外休闲活动和学习交流空间。该校校园绿地集中布置于主楼南北两侧，是其外部空间的主要特征。由于没有停留场所，师生对绿地的体味基本上是"围观"或"践踏"两种方式，因此需要对校园内的外部空间进行重新的功能整合和界定，以满足使用要求并形成亲人的外部空间体系。

图 2-19 读题、提取关键词

1. 基础解题

第一遍读题时,可以用两种方式来辅助思考:(1)用彩笔在试题上醒目地划出重点词,以便于得出场所主要信息;(2)在草纸上,以逻辑推理的方式,整理重点词语,联想必要设计元素,找到最佳设计结构。下面用这种方式来分析试题(图2-19):

第一句话指明了设计类型是校园改造,而非公园、广场、小区等类型。那么在设计时必须要时刻为学生、学习生活等校园因素着想,围绕学校主题来做。

第二句指出设计范围。因而设计内容必须覆盖整个设计范围,不能出现在设计范围下自己再次圈地而做、留下一片空白区的现象,同时一般不要超出设计范围(只有在设计思路相当清晰、完备,能为周围设计提出更好建议时,可以很少量地超出设计范围,但只能作为粗放建设思路来表达想法)。

第三句话解释了设计范围内部功能分布明确,并指出学校具有现代风格。因此,设计应在内部功能已明确的基础上进一步细化,使功能进一步明确和清晰,不能设计完成之后让人有功能更加混乱、还不如不设计的倒退感觉。

第四句交代学校改造的原因是人数激增。然后,试题的直接要求出现,可提炼为:(1)学校文化气氛、艺术特色;(2)户外休闲活动、学习交流空间、建设停留场所、使绿地使用方式多样化。

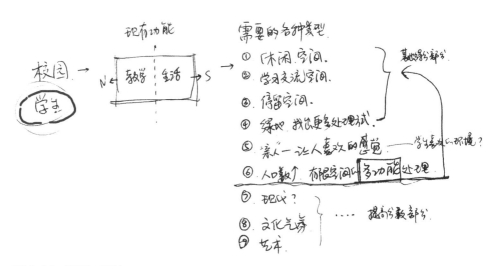

图2-20 读题、总结

在试卷上划重点之后,又在草纸上进行逻辑整理,把握到以下考点(图2-20):

(1)为"学生"服务、创造"休闲"、"学习交流"、"停留"空间,是任何设计必不可少的点题内容,是设计达标的基础。

(2)"亲人"、"现代"、"文化"、"艺术"这些相对较虚的辞藻,则是阅卷人衡量不同考生设计水准的内容，即考卷提分的方向。

（3）在设计结构层面，由于整个校园改造的原因是"人口激增、用地紧张"，那么在"有限空间尽可能使功能多样化"是一个很好的解决措施，把各种学生需求的空间类型贯穿起来，并做到功能清晰、空间不拥挤，便可成为高分考卷。

2. 深度挖掘

深度解题可以放在读图纸要求之前。这是由于第一遍读题时已经形成了一些思绪，找到了一些"感觉"，这时进一步挖掘"潜台词"、进行思考、提问、解答，可以加强对场所的了解、强化设计"感觉"、明确个人设计特质（图2-21）。

中国华北地区电影艺术高校校园需要根据学校的发展进行改造。校园南临事业单位，北接教师居住小区，东、西两侧为城市道路。校园内部分区明确，南部为生活区，北部为教学区，主楼位于校园中部，其西侧为主出入口（详见总平面图），校园建筑均为现代风格。随着学校的发展，人口激增，新建筑不断增加，用地日趋紧张，户外环境的改造和重建已成为校园建设的重要问题。当前，校园户外环境建设急需解决两方面的问题：

1 校园景观环境无特色。既没有体现出高校所应有的文化气氛，更无艺术院校的气质。

2 未能提供良好的户外休闲活动和学习交流空间。该校校园绿地集中布置于主楼南北两侧，是其外部空间的主要特征。由于没有停留场所，师生对绿地的体味基本上是"围观"或"践踏"两种方式，因此需要对校园内的外部空间进行重新的功能整合和界定，以满足使用要求并形成亲人的外部空间体系。

图2-21　深度挖掘

"华北地区"暗示了温度、气候、树种选择；"电影"，提供了对景观做艺术处理的方向，如画面、动态、声音、光效等；"高校"，说明学生年龄大约在二三十岁之间，是充满能量和梦想的阶段；"发展"不仅设计现在所需，也要为将来再发展做出准备。

"事业单位"与校园无关，可选择用植物隔离边界；"教师居住区"与校园关系密切，但居住需要安静环境，可用植物隔离学生活动区，并设计快速进入教学区的通道；"城市道路"包含了车辆、人群进出学校的交通点，同时也是城市与学校融合与隔离、看与被看的边缘。在这边界的处理上，可采用开敞、封闭、混合处理的多种手法：隔离有安全保护、校园学习气氛内聚的作用；开敞有出行方便的自由感也可向城市展示校园风貌。因此，在学校与城市道路的较长边界上，采取隔离与开敞的混合处理方式，按照现状条件具体分析哪里需要隔离或开敞。

"建筑风格现代"可扩展至整个场地，增加校园气氛的集体感。尤其是室外硬质设施的形式处理方面，与建筑风格相统一，能够加强室外空间的舒适感。

"改造"需要保留原有优秀的设施；"重建"表示拆除一切阻碍发展的现状设施；"文化气氛"包括个人学习气氛、社团活动气氛等；"休闲活动"有散步、交谈等，动作的可能性有走、跑、坐、卧等；"学习交流"有读、写、说等，可能设施：广场、桌椅、宣讲台等；"停留场所"可能包括：广场、座椅、遮阳 - 避雨设施；"绿地"使用的可能性：看、穿行、坐、卧；"体系"要求从整体着眼，使规划设计统一有序。

3.解读任务书

解读任务书也应用分析设计背景的方式，逐一研究设计要求与备注，并在最终成图上完全反映出来。虽然这里要求图纸只有4张，然而设计思想在配合更多分析图的情况下，才能阐述得更加完整，因此通常情况下，尽量增加一些简单易画的小型分析图（图2-22）。

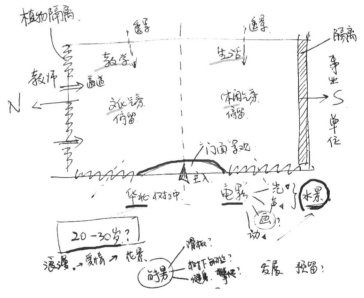

图2-22 分析构思

2.2.4 图纸绘制过程详解

①现状分析图

根据读题时得到的信息，迅速用抽象图分析现状。一方面使自己进一步明确场地环境，帮助思考；另一方面向阅图者展示个人对场地结构的理解与把握。重点有三处：A边界特征、B入口位置、C场地内部结构（组团与轴线图2-23）。

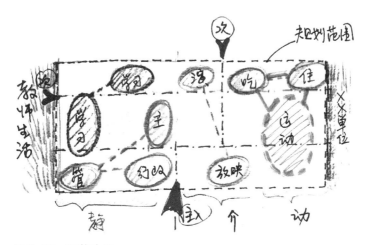

图 2-23　现状分析

②规划思路分析图

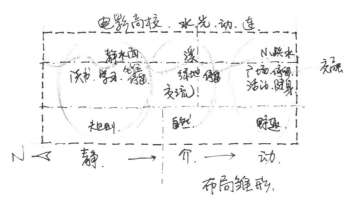

图 2-24　规划结构分析

规划思路示意图是概念规划图的"一草"，用最简单和概括的布局表达整体结构、解释概念规划图的成因（图 2-24）。

根据场地北部教学、南部学生生活，可以把设计气氛定位"北静南动"，即为北部景观以安静为特色，设计适宜读书学习的停留场所；中部核心景观对现状绿地进行改造，包括打破现状绿地的单调结构、创建主入口轴线上的"门面"景观等；南部结合现状运动风格设计室外运动场所。基于电影专业类学校的特点，提炼"水、光、连、动"为整体规划主题，以不同的水体表达相应区域的空间气氛特征。

③规划概念图绘制过程

第一步：确定规划红线，标出各入口，区分建筑、道路、园林景观及其他用地类型（图 2-25）。

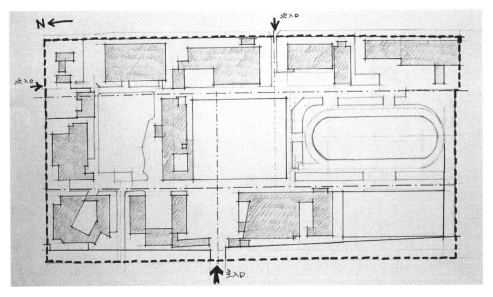

图 2-25 规划概念图

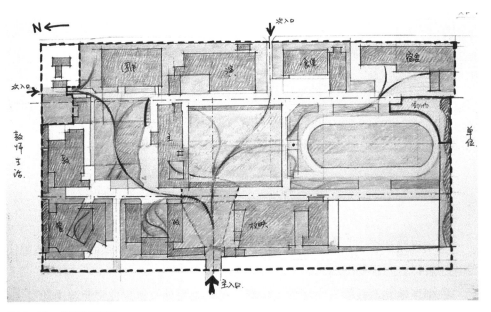

图 2-26 规划过程图一

第二步：绘制规划结构线（此图以最便捷的交通流向为依据），以"大色块"区分各种用地类型（包括现状用地和规划用地图 2-26）。

第三步：从整体到局部进行下一级规划，区分出景观元素：林地、草坪、水体、道路、广场等，并结合文字说明规划布局（图 2-27）。

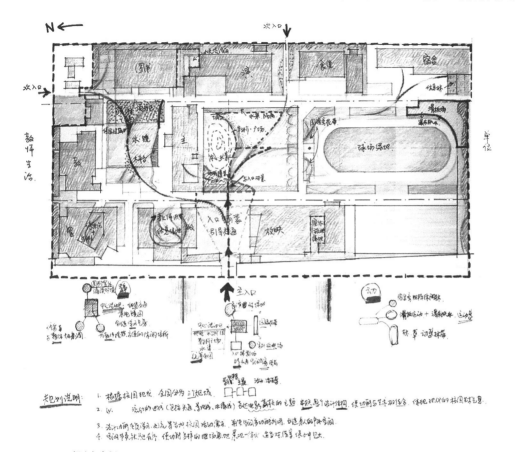

图 2-27　规划过程图二

规划内容包括（图 2-27）：

1）入口处理

（1）主入口：以铺装广场引导景观空间与交通，在中心区的相应边缘设计对景线；

（2）两个次入口：铺装与绿化带一起引导景观视线。

2）边界处理

东西边界均与城市道路相连，设计多层次的优美植物景观，进行疏密有序的组织，北边界以树阵隔离学校与教师宿舍，设计林下快速通道，方便教师进入学校；南边界以树阵结合绿篱隔离事业单位。

3）内部结构

规划分为"北—中—南"三个区域，以流动的曲线串联场地整体，空间节奏张弛有序。

由于快速设计的限制，规划文字必须要缩减、不可细述设计内容，因此需要概括地点题，甚至变相重现设计要求。另外，考虑到阅图人的审图速度，不可能仔细查看文字，因此用彩笔勾出重点词语，可形成积极的印象。

④中心区设计结构分析

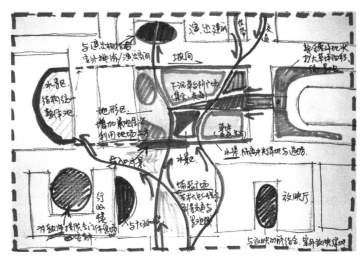

图2-28　中心区景观结构图

虽然此图并非设计要求图纸，然而相比中心区平面图，设计结构图能够更多地避免形式上的干扰、明确阐述设计思路，因此属于增加逻辑感，也是阅图人最感兴趣的"加分图"（图2-28）。

⑤中心区设计平面图

第一步，根据设计布局，美化铅笔线条，绘制墨线图稿（图2-29）。

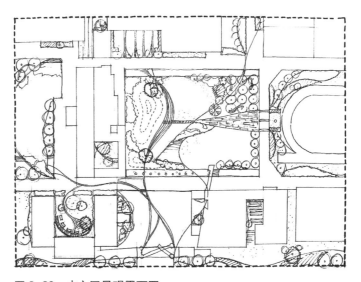

图2-29　中心区景观平面图一

第二步，以"大色块"区分景观类型"大色块"包括绿地与水体。色彩绘
图规律为：先涂大面积，最终绘小细节。先定主调简单色，其他色彩随绘图深入
再逐渐添加（图 2-30）。

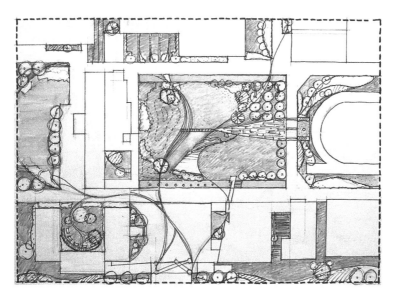

图 2-30　中心区景观平面图二

第三步，细化景观类型：在绿地内，区分草坪、林地、绿篱、花带；在道路铺装上，
区分校园主路、铺装广场、木质道路。通常对同一类型用地的色彩处理为同色系，
目的是保持图面色调统一，避免出现因色彩控制不住而花乱的现象（图 2-31）。

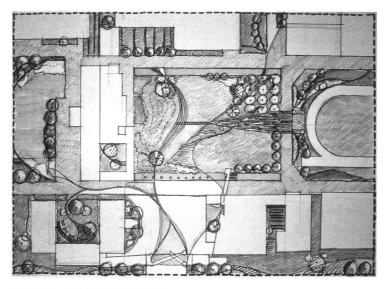

图 2-31　中心区景观平面图三

第四步，完善细节、丰富景观效果，配合设计说明概述设计主旨（图 2-32、图 2-33）：

1）在概念规划图的基础上，根据整体、系统、艺术、功能合理的要求，细化景观空间，力求全方位满足设计要求。

2）设计一体化，一方面使功能清晰、有逻辑，另一方面建立叙事的、电影场景转换的景观效果，以水景、光景表现电影感。

3）设计功能均要结合周边建筑特色，为学生设计。水景、广场、草坪、树阵、小丘、木平台等景观元素，功能上满足集会、演出、放映、竞技、休闲、交流、

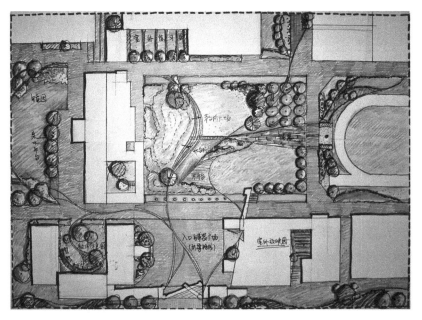

图 2-32　中心区景观平面图四

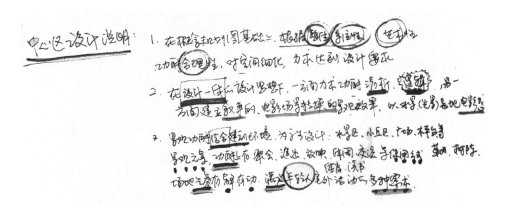

图 2-33　中心区景观设计说明

独处等使用要求。场地气氛有静有动，满足年轻人室外活动的多种需求。

⑥中心区南北中轴线剖面示意图

草台阶下沉广场与水体的原有土方，堆移北边形成小丘地形，增加了场地南北轴线与主入口轴线（东西方向）的景观层次。此剖面是从主入口处看向中心区南北中轴线的示意图（图 2-34）。

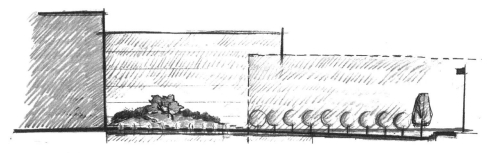

图 2-34　中心区景观剖面图

⑦中心区鸟瞰图（图 2-35）

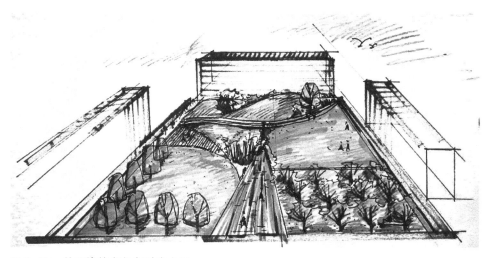

图 2-35　从国旗的方向鸟瞰中心区

⑧中心区水景效果图（图 2-36）

图 2-36　中心区水景效果图

2.2.5　成图布局

最后按照设计要求在 A3 绘图纸上布局（图 2-37～图 2-39）。重点有三处：
（1）排图的顺序需要展示设计的整个过程，此设计中依次是现状分析、布局设想、总体规划、中心区功能设想、中心区平面图、剖面图、效果图；（2）每张图纸上应具有同一主题。如第一张图纸排布整体规划内容，第二张图纸安排中心区设计的相关内容，第三张图纸排版效果图；（3）排版细节：题目字体应简单、低调，使阅图人的视线集中于设计内容；标清图名、指北针、比例尺。

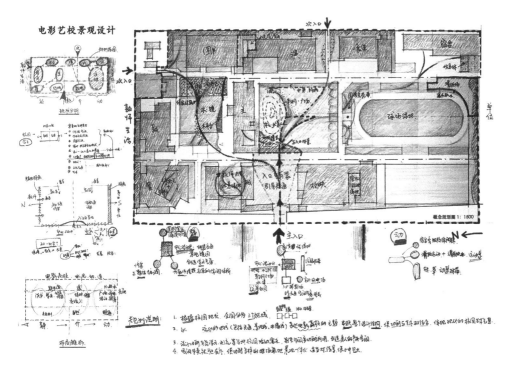

图 2-37　成图一

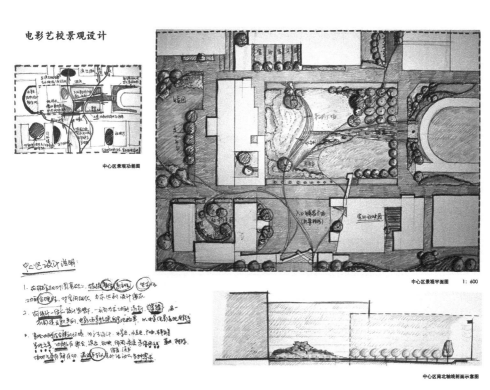

图 2-38　成图二

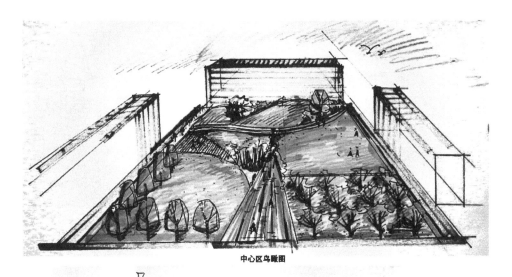

中心区鸟瞰图

中心区水景效果图

图 2-39　成图三

2.2.6　检查图纸

检查图纸包括:

①核对设计要求,及时补充缺漏内容。例如通过检查发现以上设计中漏掉了对规划树种的选用,需在相应图纸文字部分补充。

②检查图面、图名、指北针、比例尺是否缺漏,擦掉影响视觉效果的铅笔线等。

第3章 | 风景园林快题设计案例及评析

3.1 翠湖公园设计

3.1.1 任务书

（1）项目简介

某城市小型公园——翠湖公园位于 120 米 ×86 米的长方形地块上，占地面积 10320 平方米，其东西两侧分别为居住区——翠湖小区 A 区和 B 区，A、B 两区各有栅栏墙围合，但 A、B 两区各有一个行人出入口与公园相通。该园南临翠湖，北依人民路，并与商业区隔街相望。该公园现状地形为平地，其标高为 47.0 米，人民路路面标高为 46.6 米，翠湖常水位标高为 46.0 米（图 3-1）。

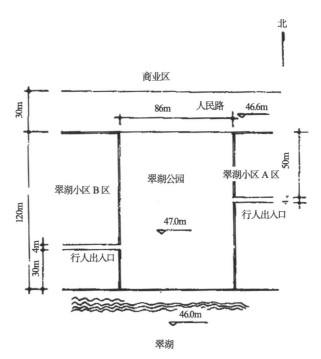

图 3-1 场地现状平面图

（2）设计目标

将翠湖公园设计成现代风格的、开放型城市公园。

（3）公园主要内容及要求

现代风格小卖部 1 个（18 ~ 20 平方米）；露天茶座 1 个（50 ~ 70 平方米）；喷泉水池 1 个（30 ~ 60 平方米）；雕塑 1 ~ 2 个；厕所 1 个（16 ~ 20 平方米）；休憩广场 2 ~ 3 个（总面积 300 ~ 500 平方米）；主路宽 4 米；次路宽 2 米；小径宽 0.8 ~ 1

米；园林植物选择考生所在地常用种类。此外公园北部应设 200～250 平方米自行车停车场（注：该公园南北两侧不设围墙，也不设园门）。

（4）图纸内容及时间要求（表现技法不限）

现状分析图、平面图 1：500、鸟瞰图、设计说明 300～500 字（附主要植物中文名录），时间为 3 小时。

3.1.2 设计案例

方案 1：作者魏海琪（图 3-2～图 3-4）

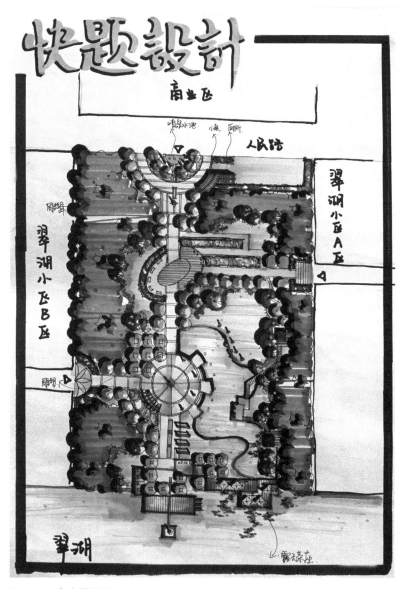

图 3-2　方案平面图

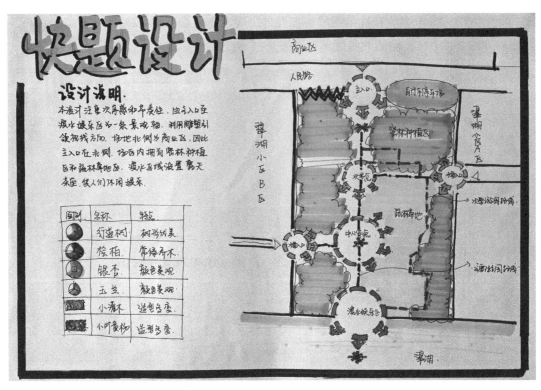

图 3-3 分析图、植物列表及设计说明

图 3-4 鸟瞰图

评析：

本方案设计图纸内容齐全、手法灵活而统一，通过一条贯通南北的轴线及轴线上的四个节点组织空间、控制整个场地，巧妙地引导了从外围的道路空间趋近水域空间的序列变化。起于水而终于水的设计首尾呼应，将水引入园内的设计较为巧妙地打破了相对呆板的驳岸线，不仅丰富了园内的景观效果，更使设计后的驳岸线变化丰富，宜于亲水体验。

园内空间具有疏密变化，种植设计较为完善，花卉应用较丰富，尤其是水生植物的应用很好地丰富了水面景观效果。如能在自行车停车位进行相应的遮阴设计则更为理想。

图纸以马克笔表达出强烈的视觉效果、风格突出、笔法轻盈。

不足之处在于平面图缺少了比例尺、指北针。植物分析中行道树和小灌木应具体到植物种类。此外，小卖部、厕所的位置设置不理想，忽视了园内各处的可达性需求，尤其是对小卖部与露天茶座的关联性没有考虑周全。

方案 2：作者邓冰婵（图 3-5、图 3-6）

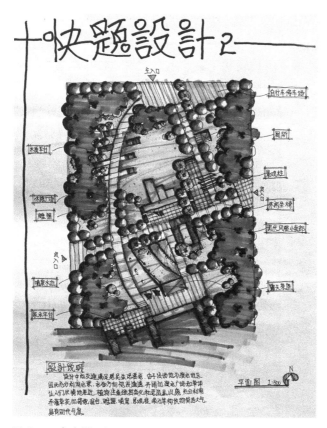

图 3-5　方案平面图

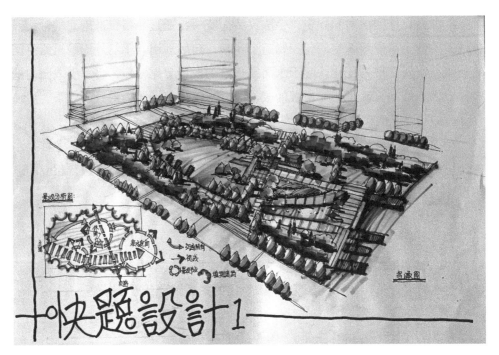

图 3-6 鸟瞰图

评析:

本方案设计形式结构变化丰富、重点突出、较具个性。两个主要广场的位置及尺度合宜,能较好地满足公园内各项功能需求。游线设计较为丰富,具有一定向湖面发展的导向性。空间设计开合有序、疏密结合,节奏变化合理,场地与周围环境的穿插关系紧密,驳岸设计宜于亲水。

园内种植设计较为理想,花卉应用合宜。

图纸以马克笔表现为主,笔法硬朗,整体效果统一而强烈。鸟瞰图较为全面清晰地展示了场地各位置的景观效果,表达准确。

不足之处在于种植形式较为单一,并缺少相应的植物分析与说明。

方案 3：作者廖漪（图 3-7 ~图 3-9）

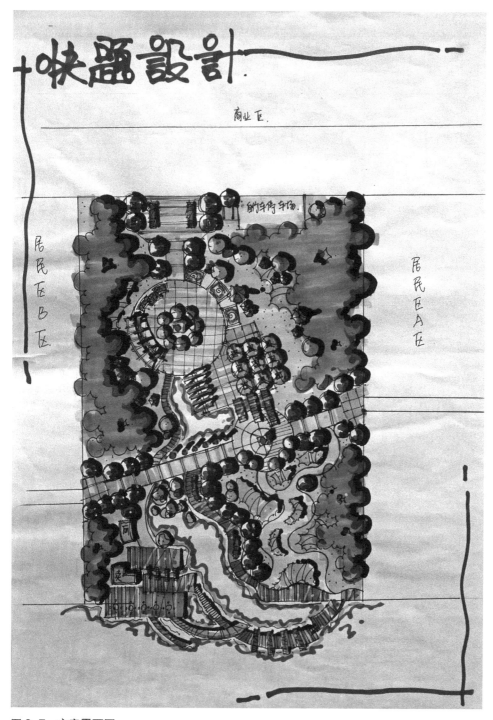

图 3-7　方案平面图

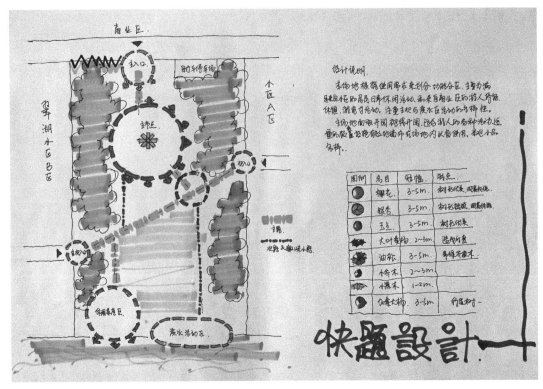

图 3-8 分析图、植物列表及设计说明

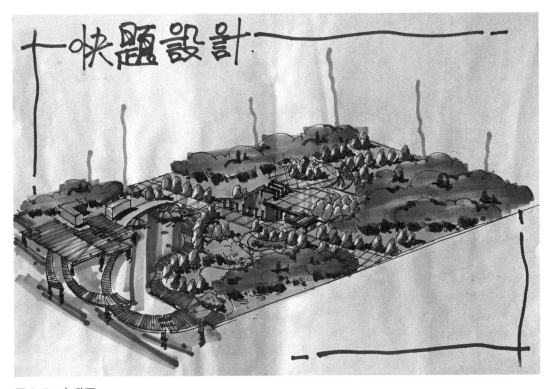

图 3-9 鸟瞰图

评析：

本方案设计图纸内容齐全，形式处理手法灵活，内容丰富。通过东西的实轴和南北的虚轴组织空间、控制场地。串联式的广场空间尺度变化有序、形式各异，较好地满足了使用的需求。将水体引入园内丰富了园内的景观内容，也沟通了内外水系的连接，形式感极强的亲水步道极好地满足了亲水体验的需求，很好地突出了滨水空间的特质。如能在园区东南角驳岸位置设计一个尺度适宜的小广场则能更好地体现出南北的轴线感，也会使驳岸设计有起有落。

图纸以马克笔表现为主、笔法细腻、整体效果明快。

不足之处在于缺少比例尺、指北针及必要的文字标注内容。引入水系形式设计稍显单一，缺少水口水尾的设计。

方案4：作者刘晓楠（图3-10、图3-11）

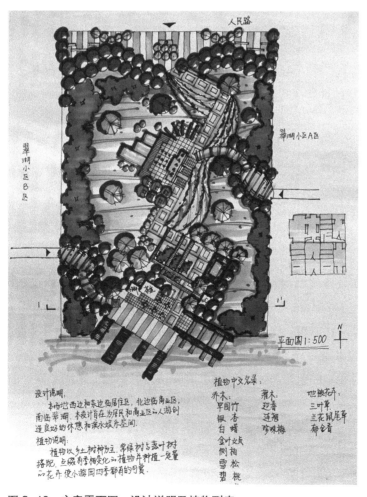

图3-10　方案平面图、设计说明及植物列表

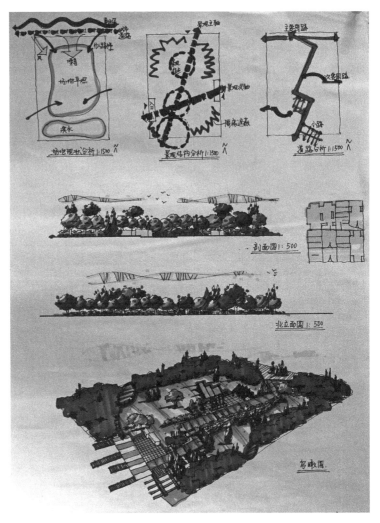

图 3-11　分析图及鸟瞰图

评析：

本方案设计图纸内容齐全、空间组织清晰、内容丰富。通过东西向的倾斜轴线控制住了全园的空间布局，将不同的功能区域延轴线逐渐展开，满足了公园内的各项功能需求。作者在水景处理方面进行了较为细致的设计，动静结合、大小多变的水景有序地布置在了场地的不同区域，丰富了场地内的景观效果。同时通过对驳岸的改造将园内外的水景联系在了一起，形成了良好的呼应关系。植物设计较为丰富，考虑到了植物季像的应用与表达。

图纸以马克笔表现为主，技法娴熟，整体效果明快。

不足之处在于平面图中缺少了必要的文字标注内容。北入口广场空间与园内空间过渡生硬缺少联系。园内空间缺少东西向的延展，空间走向有些单一。

方案 5: 作者钟宁英（图 3-12、图 3-13）

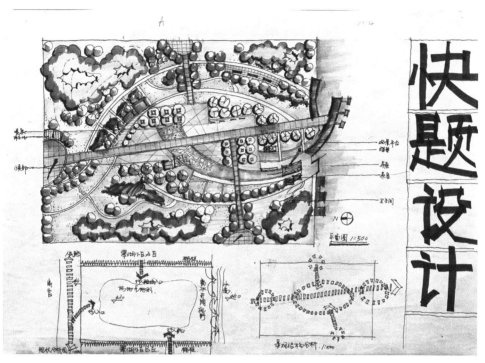

图 3-12　方案平面图、分析图

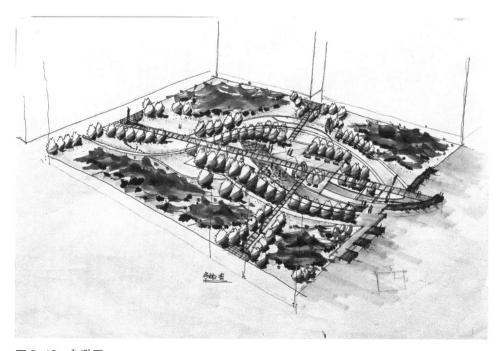

图 3-13　鸟瞰图

评析：

本方案设计图纸内容齐全、形式感突出。空间布局合理，通过南北斜向的轴线控制住了全园的布局，以轴线为核心借助曲线型园路向东西两侧展开，并延续至南侧水面，形成了良好的整体感。全新的驳岸设计将河道的水面引入园内，形成了水景的内外沟通。植物配置较为合理，种植形式较为丰富。

图纸以马克笔表现为主，整体效果清晰明快。

不足之处在于图纸中缺少了卫生间的设置，自行车停车场面积略显不足。北入口东侧的地形设计有些突兀，缺少呼应。三段式的驳岸设计形式感虽好，但与周边环境的衔接和过渡有些生硬、脱节。同时，缺少必要的植物分析与说明。

方案 6：作者张璟（图 3-14、图 3-15）

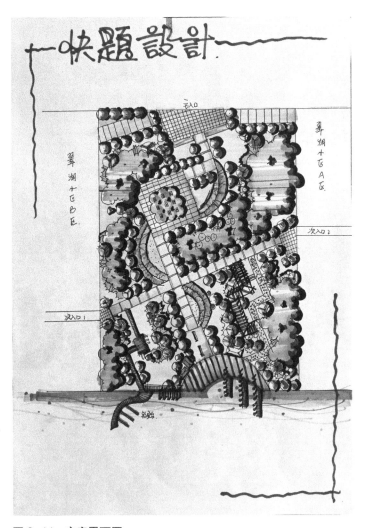

图 3-14　方案平面图

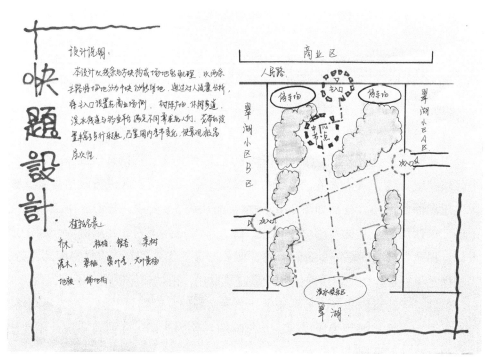

图 3-15　分析图、植物列表及设计说明

评析：

本方案设计平面布局合理、结构清晰、空间组织变化丰富。通过南北向折线型轴线和东西向直线型轴线控制全园布局，各个功能区域紧密结合，形成了良好的空间连通性，整体感强烈。同时，作者在设计中突出了场地形式的变化，将几何式和自由式的场地有机结合，形成了变化丰富的空间感受。植物设计合理，表达细致，体现出一定的植物季相性应用和表达，尤其是其中三段式的曲线花带，由北向南蜿蜒展开，效果连贯、隔而不断，与周边场地在形式上形成对比的同时有效地贯通了场地间的视觉感受。

图纸以马克笔表现为主，色彩搭配合理，整体效果突出。

不足之处在于未在规定时间内完成全部图纸绘制，缺少了重要的鸟瞰图。同时图纸中缺少比例尺、指北针及必要的文字标注内容。自由式的驳岸设计形式感较好，但东西两段驳岸间的衔接有些脱节。此外，植物分析与说明不够细致。

3.2 滨湖公园核心区景观设计

3.2.1 任务书

（1）项目介绍

华北地区某城市中心区有一面积约 60 公顷的湖面，周围环以湖滨绿带。整个区域视线开敞、风景秀美。近期拟对某滨湖公园的核心区进行改造规划，该区位于湖面的南部，范围如图 3-16 所示，面积约 6.8 公顷。核心区南临城市主干道，东西两侧与其他湖滨绿带相连，游人可沿道路进入，西南侧为公园主出入口。场地内部地形有一些变化（图 3-16），一条为湖水的补水水渠自南部穿越，为湖体常年补水。场地内道路损坏严重需要重建，植被长势较差，不需保留。

公园位于北京西北部的某县城中，北为南环路，南为太平路，东为塔院路。用地东、南、西三侧均为居民区，北侧隔南环路为居民区和商业建筑。用地比较平坦，基址上没有任何植物。

（2）主要内容及要求

核心区用地性质为公园用地，应建设成为生态发展、景色优美、充满活力的户外公共空间，满足居民的日常休闲活动要求。该区域为开放式管理。

区域内绿地面积应大于陆地面积的 70%，园路及铺装场地面积控制在陆地面积的 8%～18%。要求设计一处 300 平方米左右的茶室（室内面积不小于 160 平方米）。

设计风格以及形式不限。设计应考虑该区域在空间尺度、形式特征上与开阔湖面的关联。地形、水体和道路均可以根据需要进行改造。湖体常水位高程 43.20 米，现状驳岸高程 43.70 米，引水渠常水位高程 46.60 米，水位基本恒定，渠水可引用。

为形成良好的植被景观，需要选择适应当地气候的植物。要求完成整个区域的种植规划，并有文字说明。

（3）图纸内容及时间要求

① 3 张 A3 图纸，表现方式不限；

②核心区总平面图 1∶1000；

③鸟瞰图（表现形式不限）；

④分析图，不限比例；

⑤核心区效果图 1 张；

⑥茶室建筑平面图、立面图、效果图；

⑦时间 4 个小时。

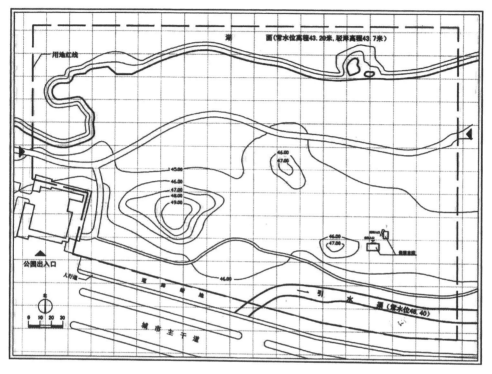

图 3-16 场地现状平面图

3.2.2 设计案例

方案 1：作者胡凯富（图 3-17 ~图 3-19 ）

评析：

本方案设计整体结构合理、脉络清晰、功能合理、内容丰富、尺度合宜。方案采用了自然式的布局形式，北部通过对现状驳岸的改造，使岸线曲折变化，结合形式多样的亲水平台打造了内容丰富的亲水活动。中部空间形成了疏林草地区和滨水景观区两大区域，两个区域通过乔木林带分隔，既独立又存在一定联系，空间界定明确。滨水空间处理手法灵活，一池三山的设计颇具传统园林的韵味，与周边的景亭、茶社构成了协调的景观氛围。整体空间设计疏密有致、开合得当，较好地满足了游园功能上的需求。由湖面引入的线性水体形成了内外水系的关联，也为园林建筑周边环境提供了较好的户外氛围，较合理地利用和把握了现状的有利因素，为游园的东西向行进路线增加了节奏变化和趣味性。种植设计较为完善，花卉应用较丰富，搭配较为合宜。疏林草地配合缓坡式的地形设计为游园提供了理想的户外休闲活动空间，也在纵向上丰富了地形的变

图 3-17　方案平面图

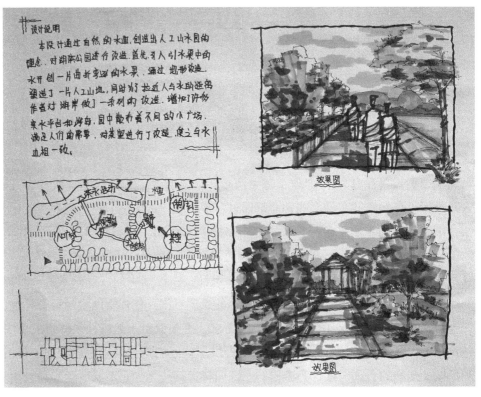

图 3-18　分析图、透视图及设计说明

图 3-19　鸟瞰图

化。方案整体在对现状较好理解和把控的基础上，通过具有一定传统园林特点
的造景手法较好地完成了滨湖公园的设计任务。

　　图纸以马克笔表现为主，技法娴熟、刻画细致、细节表达清晰、色彩丰富统一、
整体效果清新淡雅。

　　不足之处在于近驳岸位置的小岛设计过于细碎、缺少变化，使原本已经变
化足够丰富的驳岸线略显杂乱。

方案 2：作者成超男（图 3-20 ~图 3-22）

评析：

　　本方案设计较为个性、新颖。整体结构清晰明确，节奏变化丰富，主次分明，
局部空间设计新颖有趣，尺度控制较为准确，空间变化丰富，满足了公园内各
项功能的需求，对基址现状地形能够合理利用改造。方案结构清晰，北部空间
以观水、亲水活动为主，配合适当的植物景观，使滨水空间产生丰富的空间开
合变化，在控制观景视线变化的同时增强了游赏的趣味性。滨水空间处理手法
灵活，形式多样，有明显的节奏控制，亲水平台样式新颖，与园内空间联系紧
密。中部场地以大面积的草坪结合植物造景为主，通过环形主路和穿插其间南
北向的造型园路串联各个空间，空间样式多变，大小空间对比强烈。由湖面引
入的几何形水体沟通了内外水系的关联，较合理地利用和把握了现状的有利条
件，为游园的南北向行进路线增加了节奏变化和趣味性。南部地区则以高大的
乔木林带景观为主，有效地隔离了场地外围公路对园内环境的干扰。种植设计

图 3-20　方案平面图

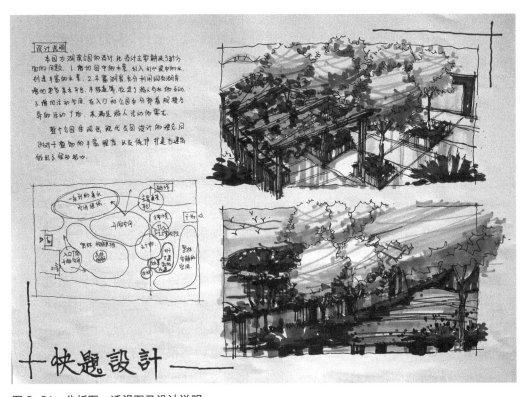

图 3-21　分析图、透视图及设计说明

图 3-22 鸟瞰图

较为完善，搭配较为合宜，若能在一定程度上丰富花卉的应用将更加理想。方案整体在对现状较好理解和把控的基础上，通过简洁有力的造景手法较好地完成了滨湖公园的设计任务。

图纸以马克笔表现为主，用色大胆，对比强烈，笔触利落有力，整体效果艳丽明快。

不足之处在于对园内水面的分割较为生硬单一，在一定程度上破坏了水面的整体感。此外，不同景观界面的衔接及位置处理尚需推敲，如驳岸中间部分的木质亲水栈道与园路的衔接较为生硬且位置不够合理，致使此段木质平台造景显得有些突兀。

3.3 居住区公园设计

3.3.1 任务书

（1）区位与用地现状（图 3-23）

公园位于北京西北部的某县城中，北为南环路，南为太平路，东为塔院路，面积约为 3.3 公顷。用地东、南、西三侧均为居民区，北侧隔南环路为居民区和商业建筑。用地比较平坦，基址上没有任何植物。

（2）设计内容及要求

公园要成为周围居民休憩、活动、交往、赏景的场所，是开放性的公园，所以不用建造围墙和售票处等设施。在南环路、太平路和塔院路上可设立多个出入口，并布置总数为 20 ～ 25 个轿车车位的停车场。公园中要建造一栋一层的游客中心建筑，建筑面积为 300 平方米左右，功能为小卖部、茶室、活动室、管理、厕所等，其他设施由设计者决定。

（3）图纸要求

①图纸大小为 A3，图 3-23 中方格网为 30 米 × 30 米。

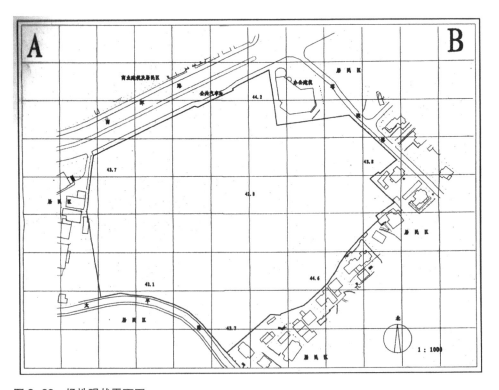

图 3-23 场地现状平面图

②总平面图 1 : 1000（表现方式不限，要反映竖向变化，所有建筑只画屋顶平面图，植物只表达乔木、灌木、草地、针叶、阔叶、常绿、落叶等植物类型，有 500 字以内的表达设计意图的设计说明书）。

③鸟瞰图（表现形式不限）。

3.3.2 设计案例

方案 1：作者李彬（图 3-24、图 3-25）

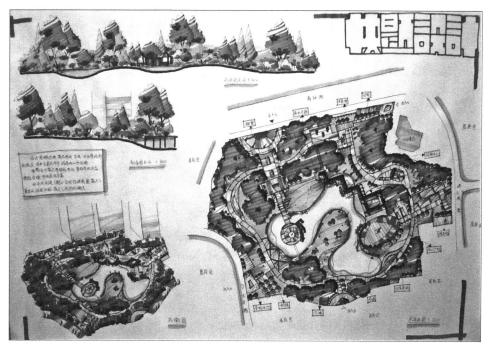

图 3-24 方案设计图

评析：

本方案图纸内容齐全，空间利用合理，结构清晰，较好地满足了居住区公园的功能需求。方案采用了自然式的空间布局形式，通过两轴一环的结构控制全园布局，整体风格简洁。方案在东、西、南、北四个方向各设置了一个出入口，将交通流量最大的南华路位置设置为主入口，其他三个方向为次入口，对现状分析认真，位置设定合理。同时，由北主入口向南，东入口向西形成两条景观轴线延向中心水景，在轴线上进行了内容丰富、形式多变的景观轴线，北轴线空间开敞工整，东入口轴线相对自然静谧，两轴形成鲜明对比，特色鲜明。园内空间通过环形园路串联，环外空间以植物景观为主，高大的乔木林带为场地内部提供了相对独立园林空间，隔离了外部不利景观因素的影响。环内以水景

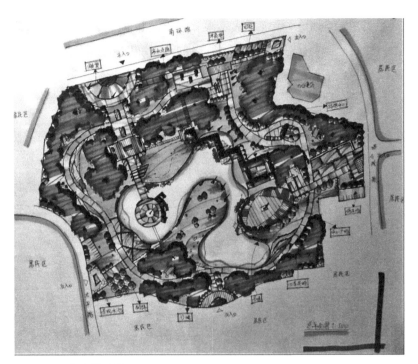

图3-25　方案平面图

为核心，打造了广场、平台、亭廊、浅滩等形式丰富的游园空间。方案整体感良好，开放性较强，很好地满足了周围居民休憩、活动、交往、赏景的游园需求，植物种植合理，对植物类型的表达较为准确。

图纸以马克笔表现为主，技法娴熟、刻画细致、细节表达清晰、色彩搭配协调、整体效果突出。

不足之处在于中心湖景的水形有待进一步推敲，两个主湖面的形式、大小过于一致，略显呆板。西侧水面与亲水广场的结合不够理想，使本不大的水面更显拥堵。此外，停车场的设计基本能满足停车需求，但在交通流量最大的南环路未设置停车场有些考虑不周。

方案2：作者秦婧（图3-26、图3-27）

评析：

本方案设计图纸内容齐全，结构清晰明确、功能合理、主次分明。方案采用了自然式的布局形式，采用了一轴一环的景观结构，一轴是指南北出入口间的纵轴，一环是串联园内主要功能空间的一级园路。环外空间以出入口、停车场及围合场地的高大乔木林带为主，造景手法较为简洁。环内空间以湖景为中心，打造了亲水平台、广场、游客中心、疏林草地等内容丰富、形式多样的景观空间。作者对场地内竖向进行了全新设计，在东南西三个方向形成了体量各异的地形

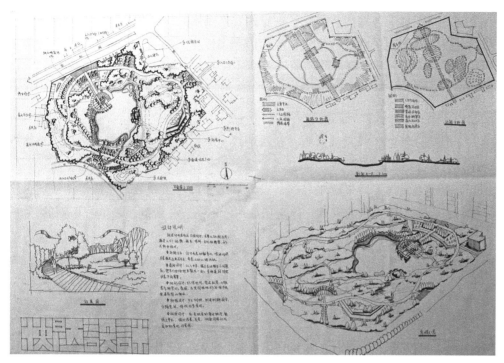

图 3-26　方案设计图

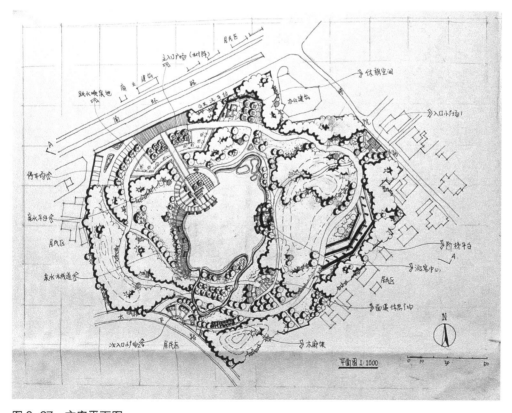

图 3-27　方案平面图

空间，将湖景围合期间，形成了一定的自然山水空间感受，同时也对东南西三向的出入口起到了藏景的作用，灵活应用了欲扬先抑的空间处理手法。方案整体感良好，形成了北开南合、北疏南密的基本空间格局，有周边环境结合较好，园内植物种植形态自然、形式多样，较好地迎合了不同景观空间的造景需求，园内功能齐全，设计完成度较高。

图纸以单色墨线表现为主，技法娴熟、刻画认真、细节表达清晰、整体效果良好。

不足之处在于通过湖中岛屿的设置对水面进行了划分，形成了湖溪结合水景体系，丰富了水景的形式，但是从岛屿的形态、位置到体量的推敲不够仔细，稍显随意。此外，在西南环溪位置的交通因溪景而断开却未进行任何桥涵等连接交通的设计，稍显粗心。

方案3：作者成超男（图3-28、图3-29）

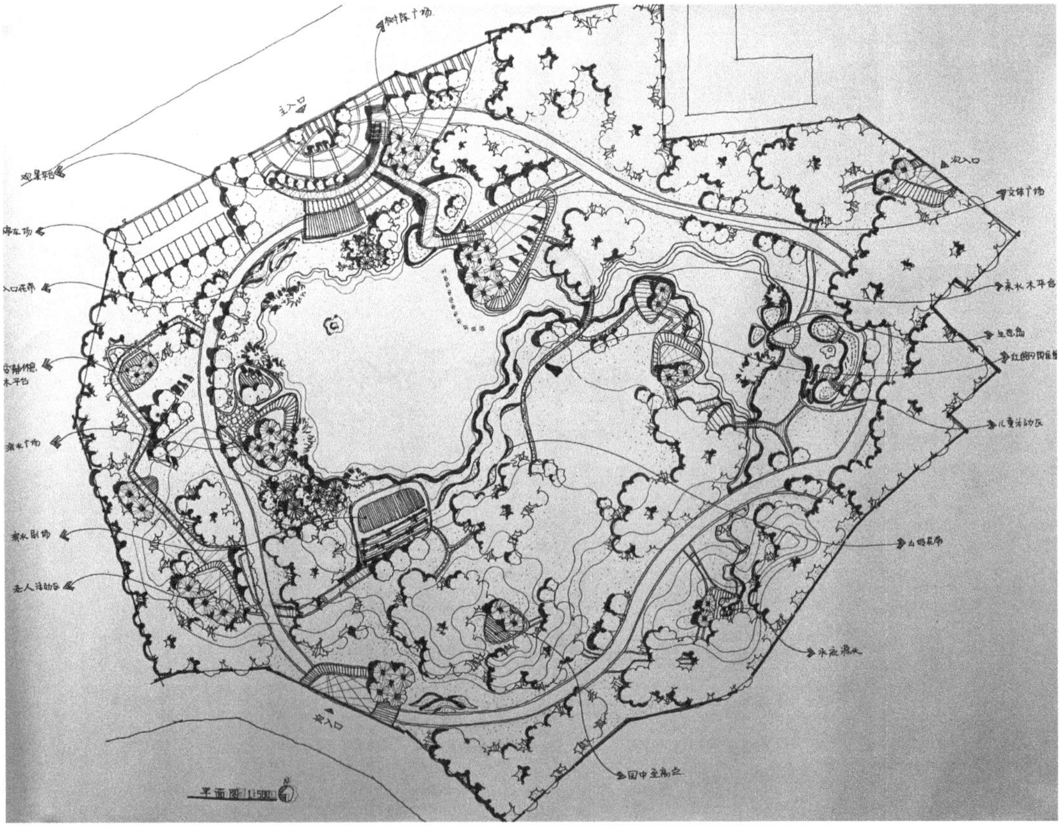

图3-28　方案平面图

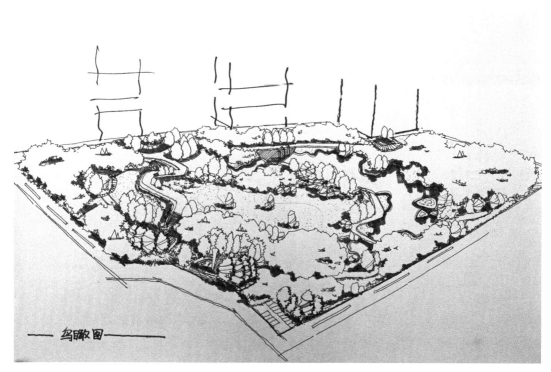

—— 鸟瞰图 ——

图 3-29 鸟瞰图

评析：

本方案空间利用合理、结构清晰、布局自然。方案采用了自然式的空间划分形式，通过环形的园路串联园内主要的功能空间。水景是全园景观的核心，为更好的打造园内的水景，作者对园内的竖向进行了全新的设计，形成了由西南向东北逐渐降低的地势，一方面实现了由南部高处水源头向北部湖面逐渐汇水的动态式的水景设计，另一面形成了形态自然的山水格局，成为园内的主要景观体系。地形设计仔细，整体感良好，岗阜相承，主次分明，具有一定山贵有脉的传统园林韵味。在水景设计方面形成了东西两湖的格局，通过溪流景观串联成一个整体，水面开合有度、主次分明、整体效果良好。结合水景和地形，沿环路打造了一系列大小不同、形式各异的活动场地，或亲水、或开敞、或郁闭、或藏于林下山中，内容丰富，线路多变，增强了游园的趣味性和体验感。植物种植形式自然、手法多样、类型清晰、能够满足不同空间的造景需求。

图纸以单色墨线表现为主，技法娴熟、刻画认真、细节表达清晰、疏密把控良好、整体效果突出。

不足之处在于作为水景重要节点的水源头景观区域的设计稍显保守，不够醒目，未能成为水景体系中的一个高潮点。此外，停车场的设计有些单一、集中，若能在东西两侧临路的位置增设相应的停车空间则更为理想。

方案 4：作者邓佳馨（图 3-30、图 3-31）

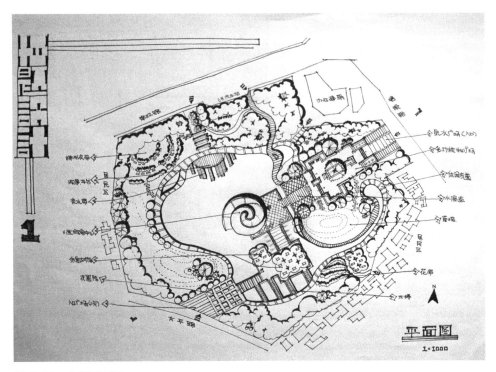

图 3-30　方案平面图

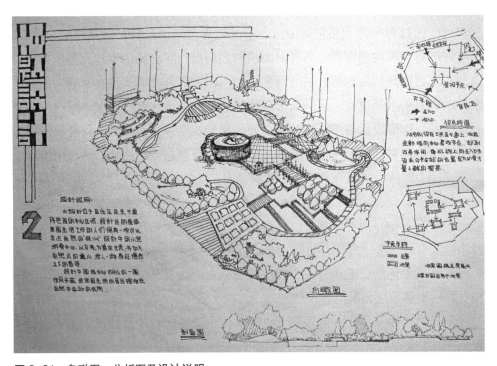

图 3-31　鸟瞰图、分析图及设计说明

评析：

本方案设计图纸内容齐全，结构清晰、风格感较强。方案采用了自然式和几何形相结合的布局形式，出入空间、活动场地、景观小品的设计多采用几何形式，而在水体、地形、种植方面则采用了较为自然的形态，两种形式结合自然，相互融合，整体感较好。硕大的水面是全园的核心景观，所有景观空间都是围绕这一核心展开，重点突出。作者沿东、西两出入口至水面的景观轴线设置空间形式多样、内容丰富的景观空间并汇聚于中心海螺形的游客中心，成为园内最主要的游赏景观带。在南北两个方向，布局相对舒朗、造景较为简洁，以植物景观为主，与东西向的景观带形成鲜明对比，有效突出了东西景观带的核心位置，也使园内空间疏密结合、变化有序。植物种植较为简洁，种植形式与景观空间结合紧密，符合各个空间的造景需求。

图纸以单色墨线表现为主，刻画细致、疏密有致、整体效果较好。

不足之处在于方案在东、西、南三个方向设置了四个出入口，其中东侧临塔院路的为主出入口，西侧临太平路和北侧临南环路的为次入口，从空间尺度、空间样式、景观丰富度到景观结构都呈现出东重、西轻、北弱的态势，就出入空间自身的区分来说即明确又特色鲜明。但是，若结合场地周边环境来看，其主次关系则显推敲不够慎重，交通流量、人流最大，形象展示最为理想的南环路设置为最弱化的出入口不够恰当，有些主次颠倒、本末倒置。此外，方案中还遗漏了停车场的设计，略显粗心大意。

方案 5：作者王婉晴（图 3-32、图 3-33）

评析：

本方案空间利用合理，布局简洁。方案采用了自然式空间布局形式，以弧线结合直线的环路串联主要景观空间。环外空间以植物景观为主，高大的乔木林带将场地围合其间，为园内空间提供了相对独立、静谧的景观空间，隔离了外界不利因素对园内的干扰。环内空间以自然形态的水景为核心，沿湖打造了树阵广场、观景平台、亲水平台、活动广场、疏林草地、特色花池等景观内容，较好地满足了居民对休闲、活动、游憩、交流等功能的需求。在空间形式方面，作者在东南区域内结合自然弧线形的园路打造出形态较为自然的景观空间，在西北区域则以几何形的空间形态为主，两岸景色对比强烈，形成了东密西疏的布局形式。植物种植较为简洁，基本满足了场地绿化需求。

图纸以马克笔表现为主，用色简练、搭配协调、整体效果较好。

不足之处在于空间组织形式过于简单，对于 3.3 公顷的居住公园用地，从功能设置、空间变化到景观丰富度都略显不足。

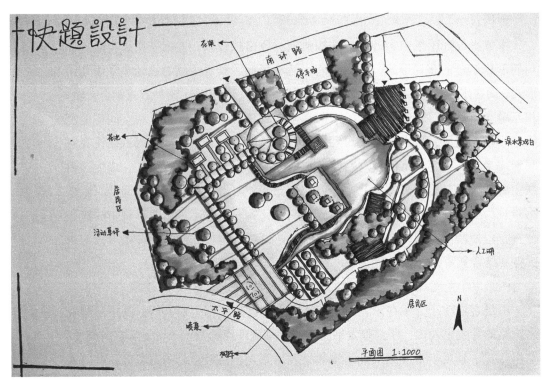

图 3-32　方案平面图

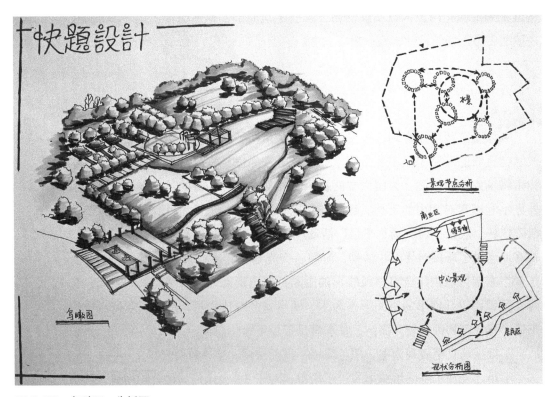

图 3-33　鸟瞰图、分析图

3.4　街心游园景观规划设计

3.4.1　任务书

（1）项目介绍

本地块位于华北地区，场地平整、无明显高差、无现状植物、设计范围见（图3-34）所示，标注尺寸单位为米。地块周边用地性质包括小学、居民区、商业区、医院、别墅区等，为改善居民生活环境、建设绿色城区，本地块拟改建为城市街心公园，为周围人群服务。

（2）设计要求

①满足日常休闲、娱乐、健身、观光、集会等基本游园功能。

②设计中要体现出自然风景园的基本特点。

③设计一定面积的停车场。

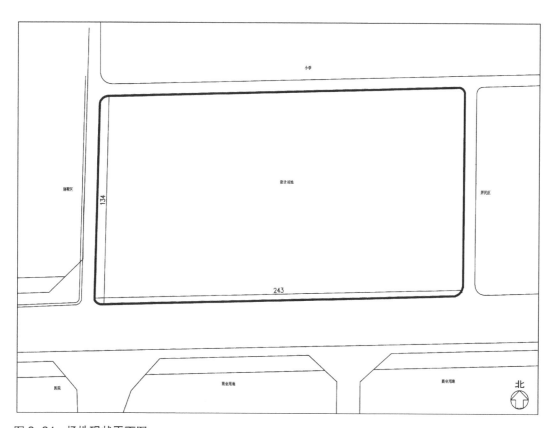

图 3-34　场地现状平面图

（3）图纸要求

①A1图纸不少于1张。

②平面图1:500。

③必要的分析图及文字说明。

④核心区域的植物设计及说明。

⑤立面图、剖面图各不少于1张。

⑥鸟瞰图1张、透视图不限。

（4）时间要求

6小时。

3.4.2 设计案例

方案1：作者郑彬（图3-35）

评析：

本方案图纸内容齐全，空间利用合理、结构清晰、较好地满足了街心公园的功能需求。方案通过东西向、南北向各一条主轴线和辅轴线控制全园布局，东南以人工景观为主，西北以自然景观为主。方案通过高大的乔木林带结合地形的形式将内部空间围合城相对独立、静谧的园林环境。东、南、西、北各设置了一个出入空间，西南侧的出入口为公园的主入口，出入空间位置设定合理，体现出作者对周边业态及人流的深入分析与准确把握。公园东侧以花畦和运动场地为主，向西逐渐过渡到以水景为主的自然山水景观游赏区域，再向南回归到花畦观赏区域，过渡自然、区域划分明确、内容丰富，能够有效地满足周边人群在公园内游赏、集会、交流、运动等需求，为这一区域提供了良好的户外活动空间。

图纸以马克笔表现为主，技法娴熟、刻画细致、细节表达清晰、色彩搭配协调、整体效果突出。

不足之处在于各入口空间设计相对独立，缺少呼应，同时与内部空间的过度较为生硬。植物设计不够细致，过于概括，未能很好地体现出街心游园在植物种植上的特点。

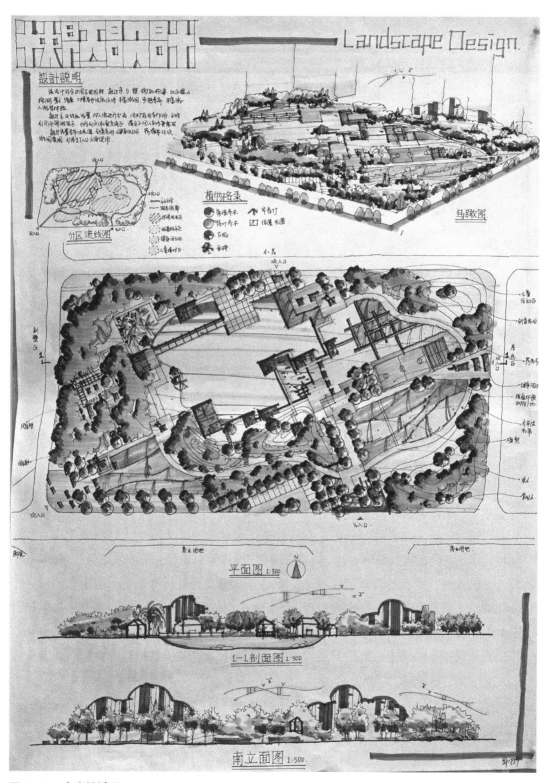

图 3-35　方案设计图

方案2：作者魏海琪（图3-36）

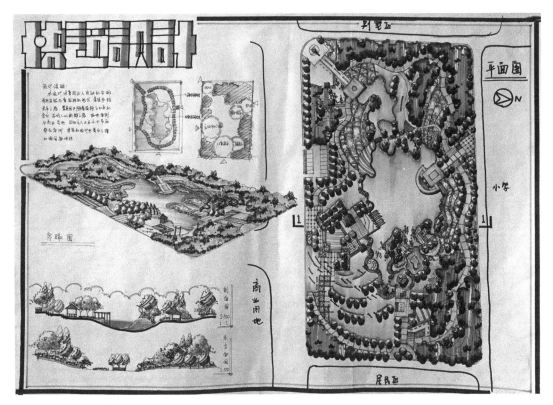

图3-36　方案设计图

评析：

本方案设计图纸内容齐全，布局合理、结构清晰明确、功能合理、主次分明，较好地营造出自然风景园的空间氛围。尺度控制较为准确，空间变化丰富，很多小空间的设计新颖有趣，如花卉园、缓坡休闲草地等。道路系统分级较为明确，出入口、停车场和功能区等建立在对现状的准确分析基础上。园内布局以一个较大的水面为中心，水面设计开合有致，水口水尾设计巧妙，水中小岛的设计丰富了水面的景观效果。水面周边环以不同尺度、形态和材质的场地及空间单元，并通过一条环形园路引导游线。种植设计较为完善、搭配较为合宜、花卉应用丰富、种植形式灵活多样。

图纸以马克笔表现为主，技法娴熟、刻画细致、用色丰富、色彩搭配协调、整体效果艳丽明快。

不足之处在于东水岸边上的两岛尺度较大，两岛大小过于相似，且位置过于居中，几乎占满了水岸附近的水面，与两岛临近的观水平台若将中心的水池变为观景建筑则更为理想。

方案 3：作者谢晨（图 3-37）

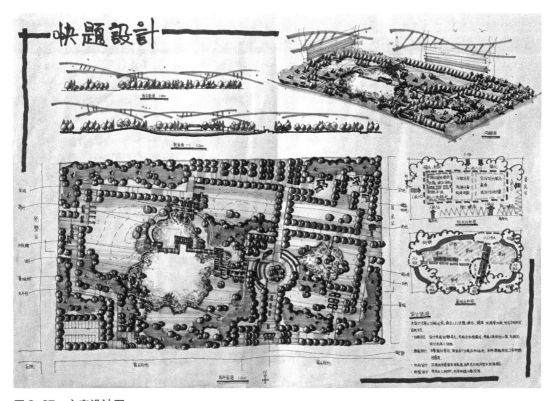

图 3-37　方案设计图

评析：

本方案设计图纸内容齐全，结构清晰、布局简练。开放性较强，通过轴线及周围一系列小场地的设定引导游览和方便周围居民的使用。几何形的应用较为新颖大胆，同时自然式的地形、水形及种植很好体现出自然风景园的风格样式。东西湖的设计及水面曲折栈道的设置颇具传统园林的韵味，西湖北侧缓坡山地的设计较为巧妙，不仅丰富园内地形的变化，增加了空间趣味性，也在一定程度上为大水面营造出相对独立而安静的空间氛围，同时也对西侧入口起到了障景的作用，营造出入口看似平淡而内有乾坤的园林氛围，符合背山面水的传统园林理念。种植设计较为完善，搭配较为合宜。方案整体性较强，空间开合变化丰富，游赏功能丰富，为周边人群提供了良好的游玩、健身、交流的空间。

图纸以马克笔表现为主技法娴熟、刻画细致、用色简练、水体的表达尤为突出，整体效果清新淡雅。

不足之处在于东西湖之间的联系较弱，且分隔距离过大。东侧小湖面上的岛屿设计尚需推敲，使原本狭小的水面显得有些拥堵，同时东侧水面周边植物景观设计略显郁闭，弱化了从东入口入园后的点景效果。

方案4：作者邓冰婵（图3-38）

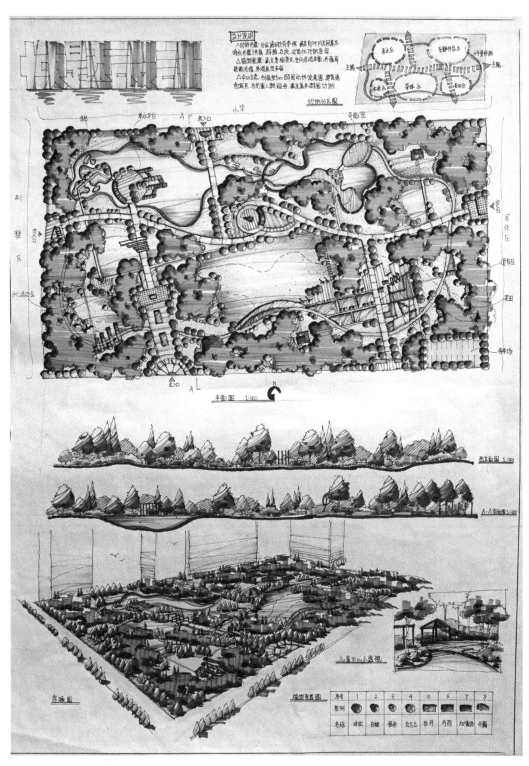

图3-38　方案设计图

评析：

本方案设计图纸内容齐全，结构清晰、布局合理。手法灵活而统一，通过一条贯通东西的轴线及南北三条辅轴组织空间、控制整个场地。设计内容丰富、功能丰富，局部形式多变，设计较为详细、深入。通过东西向的轴线将园内空间划分为南北两大区域，北部区域以水为核心，打造了丰富的观水、亲水等游园活动内容。水形设计较为自然美观，东西湖的设计丰富了水面的大小对比。南部区域以疏林草地、彩色花畦、林带景观为主，打造了游线变化丰富的游赏内容。在空间划分形式上，南部功能空间采用了较多的几何形空间划分，北部则与水形相呼应，采用了较为自然的空间划分形式，南北虽有不同，但通过南北向景观结构的穿插和过度，使南北空间产生了良好的联系，方案整体感良好，植物景观设计细致，空间开合变化丰富，较好地满足了街区游园的需求。

图纸以马克笔表现为主，技法娴熟、用色简练、刻画细致，植物表达准确、美观，具有一定识别性，整体效果清新淡雅。

不足之处在于西湖水面中设计的岛屿和广场体量过大，几乎占满了水面的一半以上，略显拥堵。

方案 5：作者廖漪（图 3-39）

评析：

本方案设计图纸内容齐全，空间利用合理，结构清晰，布局简洁。方案采用了经典的一轴一环的布局形式，通过东西向的直线轴线控制全园的布局，以环形园路串联全园的各个功能空间，形成了东西两圆形广场、南北两自然滩涂的四大景观节点。东南场地以台地景观打造为主，东北场地以地形空间打造为主，西北场地以人工景观为主，西南场地以植物景观观赏为主，中心区域围绕水景打造了内容丰富的观水、亲水场地。中心湖景形态自然与四个核心景观节点结合紧密、过度自然。湖中岛屿的设计较为巧妙，既丰富了观景、游赏的内容和路线变化，又丰富了水景的形式，形成湖溪结合的水景体系。种植配植认真、合理。方案整体良好，基本满足了街心公园的功能需求和形式要求。

图纸以马克笔表现为主，技法娴熟、绘制认真、色彩搭配协调、整体效果良好。

不足之处在于公园内能够满足集会等需求的开放空间设置略显不足，多为小型分散式场地设计。东部圆形广场节点中的水景设计虽与广场外水景建立了一定的联系却弱化了该区域人流集聚的功能需求。此外，台地景观设计新颖，若能够对台地空间与周边场地在竖向上的自然衔接进一步推敲则更为理想。

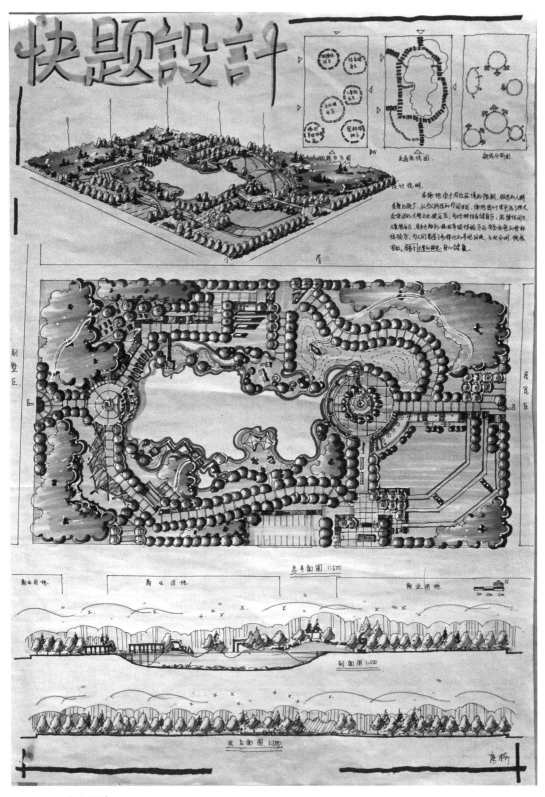

图 3-39 方案设计图

方案 6：作者郭婧（图 3-40）

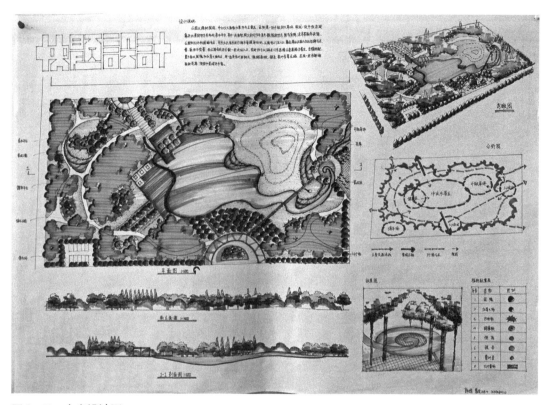

图 3-40　方案设计图

评析：

本方案设计图纸内容齐全，空间布局简洁，结构清晰。方案采用了自然式的布局形式，园内各区域空间形态自然，山形、水形相互呼应，较好的体现了自然风景园的空间特质。方案以中心水景为核心，结合地形处理、丰富的植物景观设计打造出自然天成的景观氛围。本方案属于典型的中心汇聚式景观结构，作者在场地周边设置了多个出入空间，主次分明，较好地满足了不同方向人流出入的需求，较为便捷。以各个出入口为起点向湖面这一中心点逐步展开功能设置，空间开合多变，视点变化丰富，增强了游园的趣味性和体验感。方案整体感良好，形式协调统一，较好地满足了街心公园的设计要求。

图纸以马克笔表现为主，绘制认真、图面疏密变化有致、整体效果较好。

不足之处在于方案在山、水、植物等自然景观打造方面表现突出，但在一定程度上忽视了街心公园对于运动、集会等活动功能的需求，场地内能够满足公共活动的场地设计略显不足。

方案7：作者王予芊（图3-41）

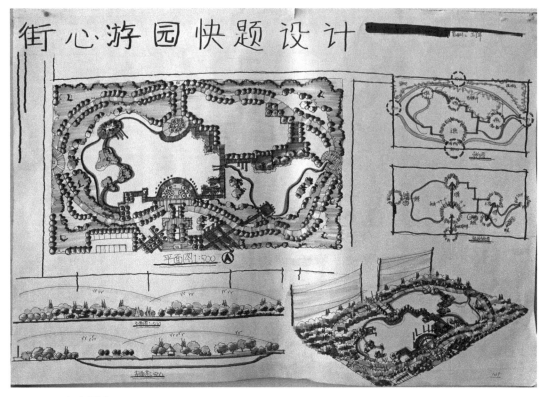

图 3-41　方案设计图

评析：

本方案设计图纸内容齐全，结构清晰，布局简洁。方案采用了一轴一环一心的布局形式，一轴为南北向的中轴线，轴线两端为园区的两个出入空间，主次分明，南侧为主入口，场地开阔，景观设置丰富，与此形成对比的为北侧的次入口，设计简洁，延轴线从南北两个方向向湖面延展景观空间设计。一环即为园内的环形园路，通过环形园路控制全园的布局，串联园内主要功能空间，交通流线清晰，便于园内通行，同时还为公园提供了便于跑步锻炼的运动步道。一心则是占据全园主要面积的水景，作者在园内中心地带设计了水面开阔的东西两湖作为园内主要的景观元素，通过木栈道、木平台、游廊、游亭等景观设置将游赏由外向内逐渐引入湖面，亲水活动较为丰富。种植设计简洁有序，周边的乔木林带即提升了公园的绿化率又使园内空间形成相对独立静谧的园林氛围，内部以疏林草地、花畦、水生植物为主，园内园外对比明显。全园整体感较好，具有一定传统园林空间布局特点，较好地体现了自然风景园的特质。

图纸以马克笔表现为主，绘制认真、用色凝练、整体效果较好。

　　不足之处在于设计地块作为街心公园，除自然景观的观赏外还应兼顾各类活动的功能需求，本方案在对自然风景园特质表达方面处理的较好，但过多的园内空间用于湖景、大草坪的设计在一定程度上使有限的场地空间无法很好的满足人群对游园活动的需求。

　　方案 8：作者苗静一（图 3-42）

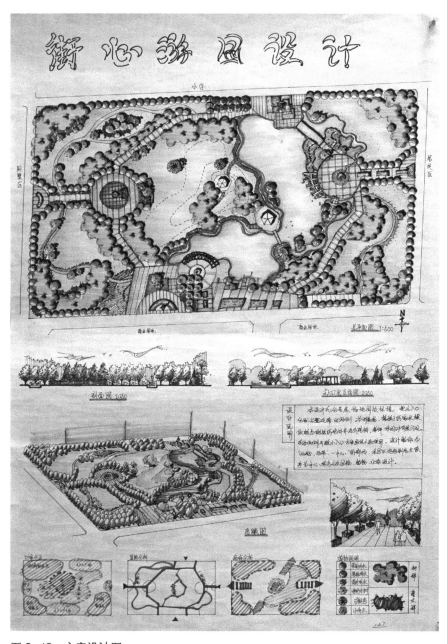

图 3-42　方案设计图

评析：

本方案设计图纸内容齐全，结构清晰，布局简洁。方案采用了一轴一环的空间布局形式，通过东西向的主轴结合环路控制全园的布局，串联各个功能空间，在东、南、西、北四个方向上各形成一个以广场为核心的景观节点，较好地满足了人群集散及活动的需求。环路外围空间以植物景观为主，主要形式为乔木围合带结合疏林草地，环路内部空间则打造了较为自然的山水景观，山、水景观各占场地一半，形式自然，山林景观处理简洁，水景设置丰富，二者既对比又呼应。方案较好地体现出自然风景园的空间特质，满足了街心公园设计的基本要求。

图纸以马克笔表现为主，绘制认真、用色淡雅、整体效果较好。

不足之处在于活动场地规划形式过于单一集中，一定程度上降低了公园的游赏空间变化和趣味性。南侧主入口的尺度过大，与方案的整体协调性不理想。

方案9：作者李晓娇（图3-43）

评析：

本方案设计图纸内容齐全，空间利用合理，布局自然。作者在方案创作中较好地体现出自然风景园的特质，园内空间划分自然，山形、水势、植物配置形式配合协调，一派自然天成的景象。方案在竖向设计方面采用了外平、中高、内低的设计方式，通过中间地带的地形设计，收紧了公园的主要出入空间进入内部的通道，有效起到了藏景的作用，丰富了场地的竖向变化，增强了公园的游赏趣味性，为中心景观带营造了相对独立、静谧的园林氛围。园内主要功能空间采用了抽象的莲花形式进行设计，较好地呼应了以自然风貌为主的园林氛围。方案通过一条贯穿全园的环路串联起园内的主要功能空间，交通便捷，游赏路线清晰。

图纸以马克笔表现为主，用色简洁、笔法灵活、整体效果较好。

不足之处在于方案对场地各个位置的处理较为平均，一定程度上影响了方案的整体感，重点不够突出。此外，中心水景区域的高大桥涵设计虽具创意，一定程度上丰富了游赏路径的变化，但设置在水面最为狭窄的水域不够理想，与周边环境不够协调，稍显突兀。

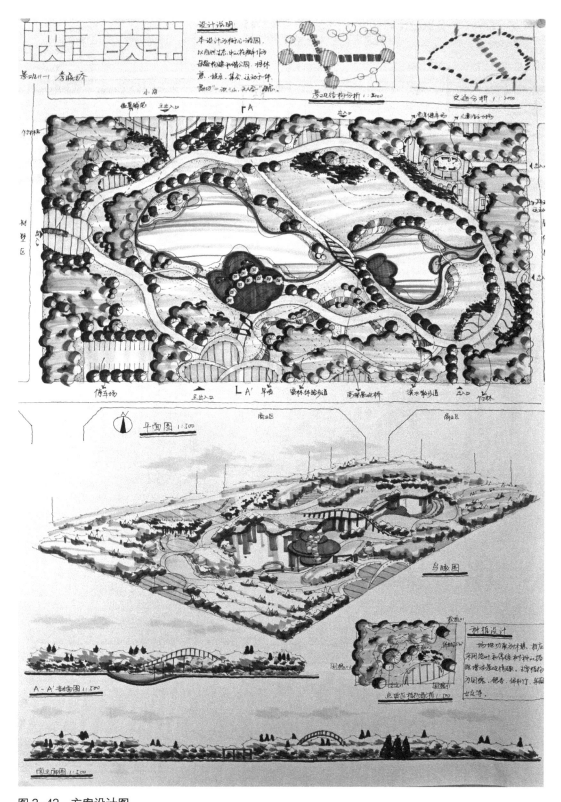

图 3-43　方案设计图

方案 10：作者张跃（图 3-44、图 3-45）

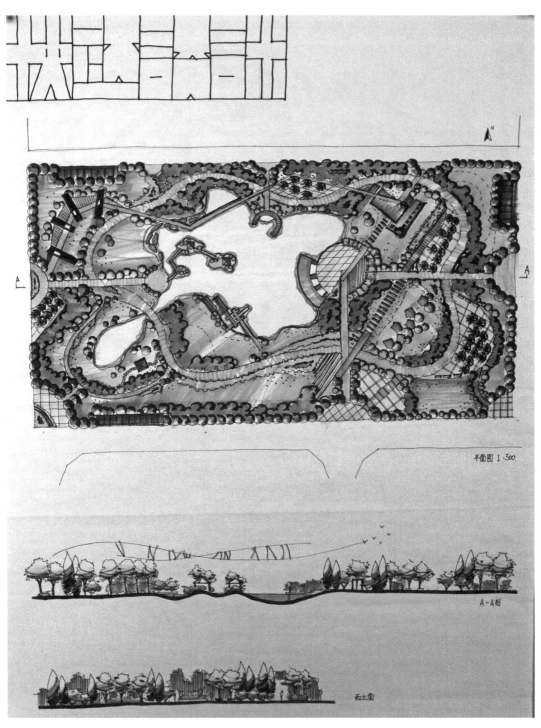

图 3-44　方案设计图一

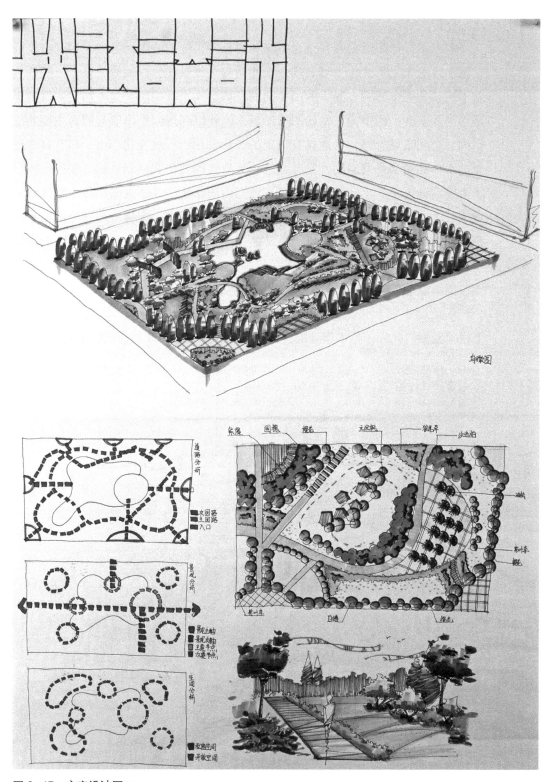

图 3-45　方案设计图二

评析：

本方案设计图纸内容齐全，空间利用合理，结构清晰。方案采用了经典的一轴一环的布局形式，一轴为场地东西向的直线轴线，以轴线串联了以圆形为基本元素的四个形式各异、大小不同的广场空间，其中两个为东西主人口的半圆形出入空间，两个为滨水的圆形广场。此外以环形园路串联起园内主要功能空间，空间布局有序，场地具有一定的开合变化，形式变化丰富，即有自然形态的水体和植物景观空间，又有造景较为现代的几何式活动场地，较好地满足了游园活动需求。水体设计采用了一池三山的作法，并通过园路将水景区域划分成一大一小两个水面，配合简单的地形处理体现出一定传统园林自然山水景观处理的特点。全园功能丰富，游赏路径多变，较好地满足了街心公园的设计要求。

图纸以马克笔表现为主，用色简洁、绘制认真、整体效果较好。

不足之处在于水景形态虽自然，但是对整体形式的推敲不够理想，水体形态稍显随意。此外，近水岸处的连续、多个微型岛屿设计有些画蛇添足。

方案11：作者秦婧（图3-46、图3-47）

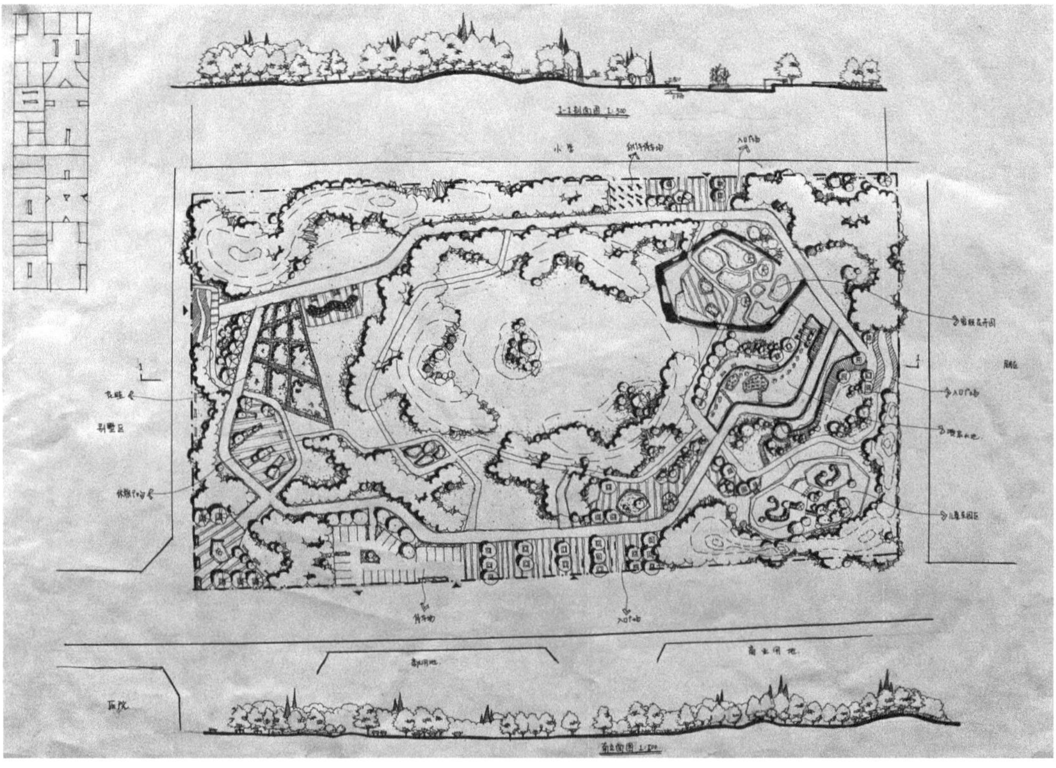

图3-46　方案设计图一

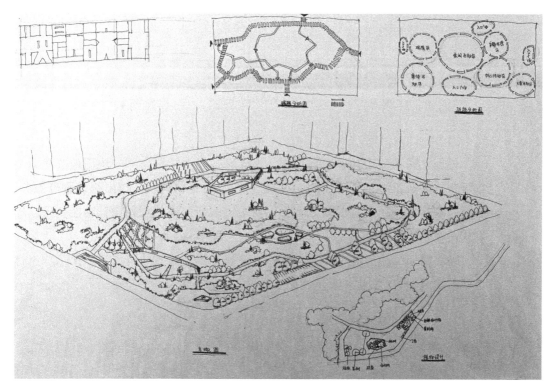

图 3-47　方案设计图二

评析：

本方案设计图纸内容齐全，结构清晰。方案采用了自然式的布局形式，较好地体现出自然风景园的空间特质。本方案较具特点的是并没有采用大面积水景为核心的做法，而是以中心地形空间为汇聚点，形成两环式的景观带结构。园内以一实环和一虚环控制景观带布局，实环为贯穿园内的环形主路，虚环为环绕中心地形空间的环形景观带。最外一环主要打造了出入空间和用以围合场地的地形空间及乔木林带，设计手法较为简洁。中间一环则沿环形园路打造了花卉园、喷水景园、儿童游乐区、活动广场、花畦等一系列的功能空间，设计手法丰富、形式多变。最内一环则处理的简洁舒朗，以植物景观带围合成疏林草地，空间开敞。外、中、内从形式到开合形成了较好的对比，疏密有序、节奏变化丰富，有效提升了游园的空间趣味性，较好地满足了街心公园的设计要求。

图纸以单色墨线表现为主，技法熟练、绘制认真、整体效果较好。

不足之处在于中心地带的地形空间作为全园的中心汇聚点其形态处理尚需推敲，竖向设计不够理想。

3.5 城市文化休闲广场规划设计

3.5.1 任务书

（1）设计题目

根据江南某城市建设总体规划，市政府拟将大学路南侧一块用地改建为一个城市休闲滨河绿地（详见图3-48），要求针对地块现状，作出符合城市需求，又具有现实开发可行性的规划方案，要求该滨河绿地的规划设计功能合理，环境优美，能够体现时代气息。

（2）规划设计要求

①用地功能：文化教育、休憩、锻炼、休闲交流。

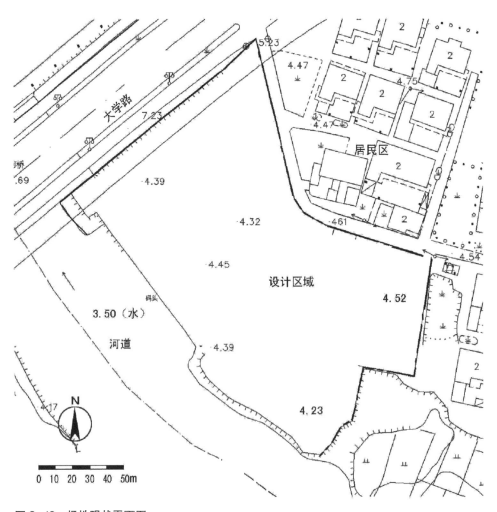

图 3-48 场地现状平面图

②绿化率不小于 60%。

③基地内设置一定面积铺装场地，供市民文化、公益活动之用。

④绿地应布置绿化小品和适当的环境设施，要求能体现城市空间的舒适、休闲、美观的环境气氛。

⑤方案要求能够利用周围环境条件，创造出相对活泼，富有吸引力的城市环境，成为城市景观的特色地段。

⑥其他规划设计条件，由考生自定。

（3）图纸内容与要求

①总体规划平面图、立面图、剖面图、分析图、局部种植设计图，比例自定。

②总体鸟瞰图（表现方法不限）。

③规划效果图（需反映出方案特色，表现形式不限）。

④时间：6 小时。

⑤图纸尺寸为 A1，图纸用纸自定，表现手法不限，工具线条与徒手均可。

3.5.2　设计案例

方案 1：作者李晓娇（图 3-49）

评析：

本方案图纸内容齐全，对场地现状及任务书要求理解准确，空间利用合理，结构清晰，较好地满足了城市文化休闲广场的功能需求。方案采用了几何式的空间布局形式，布局简洁，通过两条南北向的轴线控制全园的景观布局，弧线形红色观景桥梁穿场而过，直通水面，打破了规则式空间布局的呆板感，是场地内最为醒目的景观构筑物，活跃了空间氛围，成为了城市景观独具特色的标志物。场地边缘高差变化较大，作者通过适当的地形处理有效地解决高差为场地带来的不利影响。场地内功能丰富，硬质广场、游步道、滨水栈道、运动场等功能空间设置丰富，能够满足周边人群的游园需求，为市民提供了文化教育、休憩、锻炼、休闲交流的优美园林环境。园内水景设计体量适宜，丰富了园内的景观活跃度，同时沟通了内外水的联系，有效利用了场地临水的自然优势。植物种植简洁，通过东西向的高大乔木带为场地内营造了相对独立静谧的园林环境，将外围不利因素有效隔离。

图纸以马克笔表现为主，技法娴熟、刻画细致、细节表达清晰、色彩搭配协调、整体效果突出。

不足之处在于园内的交通系统规划不够完善，不同场地间的通行空间相对狭小，尤其是由北向南的行进路线较为单一，一定程度上影响了园内的可达性和人流疏解。

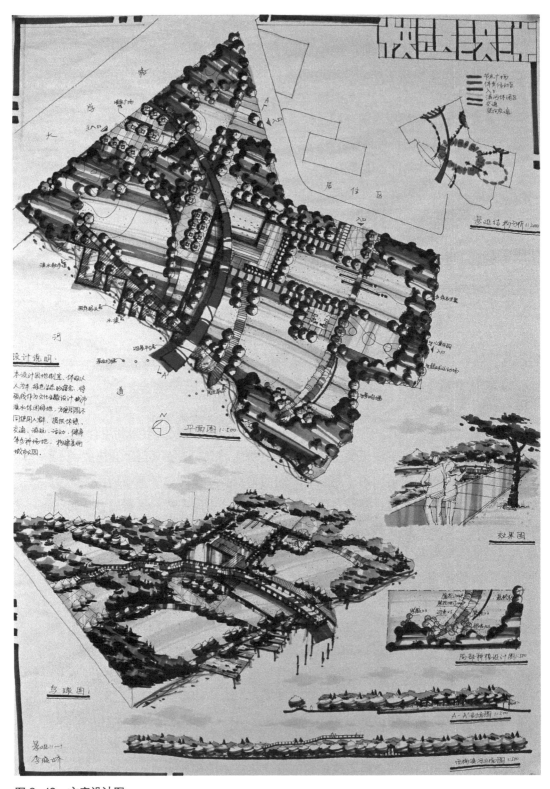

图 3-49　方案设计图

方案 2：作者武姜行（图 3-50）

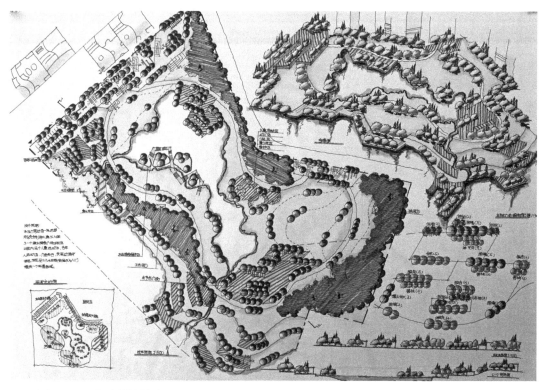

图 3-50　方案设计图

评析：

本方案设计图纸内容齐全，结构清晰明确、功能合理、主次分明。方案采用了自然式的布局形式，对场地内竖向进行了全新设计，较好地解决了场地内部及与周边的高差问题。方案通过环形园路串联起场地内的各个功能空间，环内以大面积的湖景为主配合疏林草地及铺装广场、亲水平台等元素打造了舒适而自然的景观环境。环外东北两侧通过高大的乔木林带围合场地，增强了场地内部的独立性，西侧大学路界面处理为带状广场作为场地的主入口，较好地满足了主要交通要道的功能需求，南侧滨水空间随地势降低逐渐延伸至水面，形成了三段式的滨水活动空间。方案较好地体现了城市空间的舒适、休闲、美观的环境气氛，场地内功能丰富，能够满足周边人群的游园需求。

图纸以马克笔表现为主，刻画认真、用色简练、搭配协调，整体效果较好。

不足之处在于打开水岸的手法将园外之水引入园内，虽沟通了内外水的联系，利用了场地临水的自然优势，但水面面积过大，降低了园内场地的利用率，减少了可用于其他功能活动需求的场地设置，此做法的必要性尚需推敲。此外，南侧沿河的滨水平台设计略显松散，缺乏联系，一定程度上影响了滨水活动的体验感。

方案 3：作者张跃（图 3-51、图 3-52）

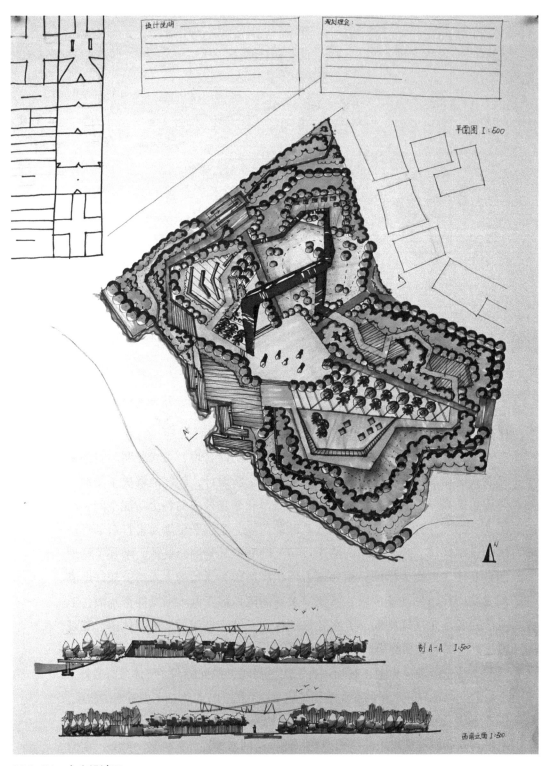

图 3-51　方案设计图一

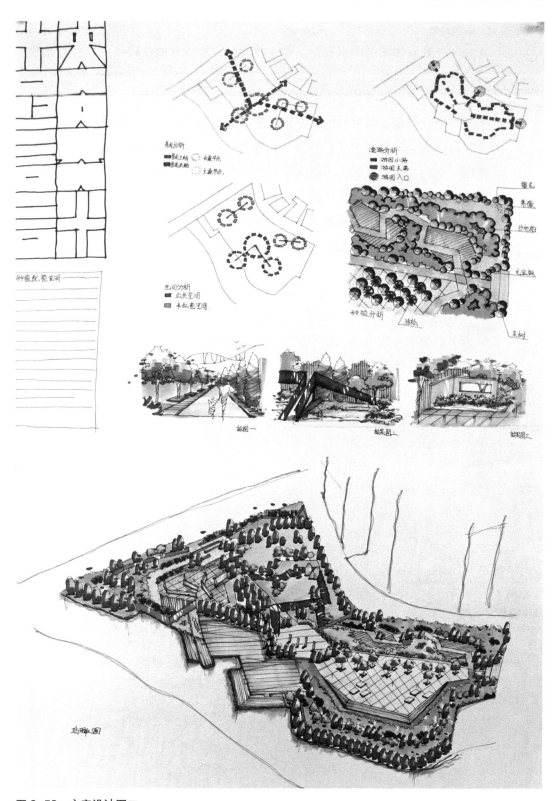

图 3-52　方案设计图二

评析：

本方案设计图纸内容齐全，形式感突出，场地开放性较强，具有明显的广场空间特质。方案采用了几何式的空间划分形式，将场地划分成四个主要片区，四大片区向中心汇聚并延向水面，平面形态好似一只展翅飞翔的蝴蝶，配合色彩艳丽的红色景观桥整体效果突出，具有一定城市标志性景观特质。场地南部片区以广场空间和亲水平台为主，北部空间东侧为游步道景观带，西侧为山地景园，四个片区各具特色。西侧临大学路的带状空间高差较大，作者通过折线坡道结合台地景观的做法巧妙地解决了场地的高差问题。方案整体植物种植规整，边缘地带以高大乔木林为主将场地围合，使场地内部形成相对静谧的空间环境，内部种植形式多样，疏林草地、彩叶植物群植、树阵广场等各具特色，搭配合理。

图纸以马克笔表现为主，色彩丰富、对比强烈、整体效果较好。

不足之处在于场地内部的硬质铺装面积过大，降低了场地内的绿化率，与任务书的要求有所出入。此外东入口设置的位置外部临近一个低洼的空间，这一设置考虑有些不周全。

方案4：作者邓佳馨（图3-53）

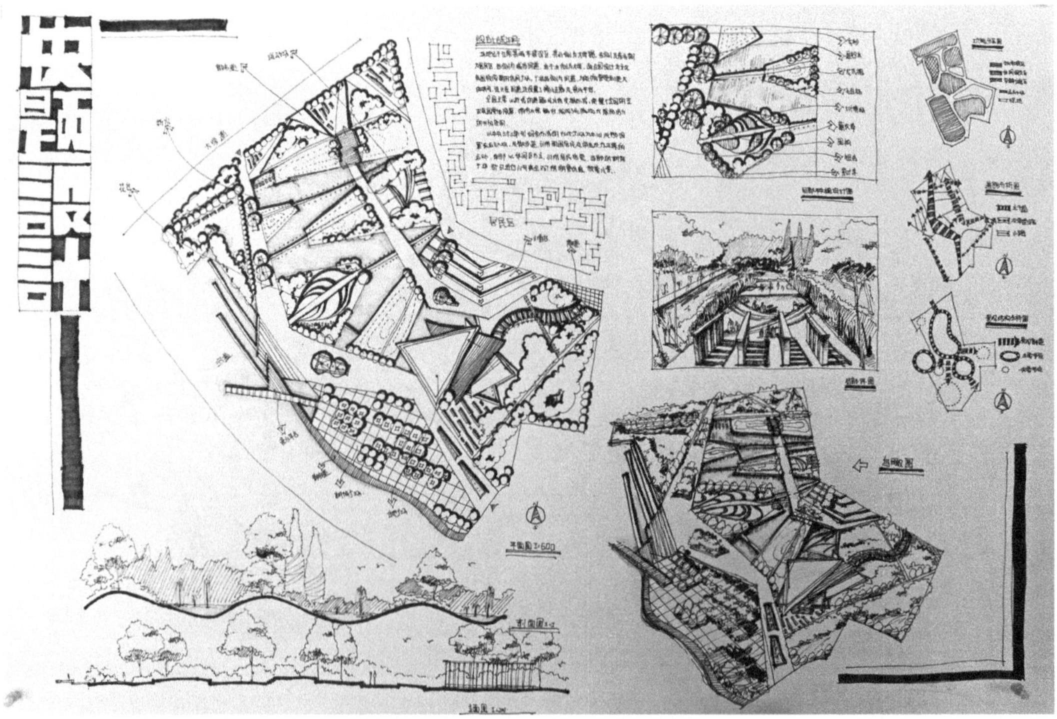

图3-53 方案设计图

评析：

本方案设计图纸内容齐全，结构清晰、风格特异。方案采用了几何形锯齿状的布局形式，将场地南侧的水景引入到锯齿状场地空间内部，形成了形式统一、尺度各异、内容多变的观景空间，丰富了场地内的空间形式及游赏内容。核心水景周边继续沿用以三角形为主形态的空间划分手法，形成了层次丰富的活动广场及植物景观空间，通过穿插其间的园路及廊、桥将园内各个空间串联成极具风格化的空间体系，在一定程度上满足了城市标志性、特色化景观空间的设计要求。植物种植以规则式种植为主，与方案整体风格统一。方案整体效果强烈，场地氛围活跃，较好地满足了文化教育、休憩、休闲交流的功能需求。

图纸以墨线淡彩表现为主，刻画细致、疏密有致、整体效果较好。

不足之处在于场地内部空间构成略显单一，主要采用了广场结合水景的方式，利弊各半，一方面园区南侧的水景已为基址提供了面积充足的水景空间，园内设置面积如此大的水景区域其必要性需慎重推敲，另一方面水景与硬质广场占据了场地的大部分空间致使绿化率大大降低，违背了任务书中的相关要求。

方案 5：作者成超男（图 3-54）

评析：

本方案设计空间利用合理，布局简洁。方案采用了自然式空间布局形式，形成了东、西两大景观片区，通过环形园路串联。东西两大片区功能区划明确，东部片区以运动场和铺装广场为主，西部片区以植物景观为主，中心一线空间较为开敞，使场地由北至南形成了良好的透景线，园区整体疏密变化有序，空间开合有度，即营造了内容丰富的园林景观，又保证了场地内的绿化率。场地基址高差明显，作者对场地原有地形进行了全新的设计，使场地由东西两侧向场地中心逐渐降低并延向水面，既解决场地与周边的通行和高差过渡问题，又强化了中间水景透景线的景观效果。植物种植形式自然，与场地整体风格统一。

图纸以单色墨线表现为主，绘制认真、形体表达准确、各区域划分清晰、整体效果突出。

不足之处在于场地内的广场空间尺度较小，不利于文化教育、交流、集会等活动的开展。尤其在滨水空间的处理稍显不足，临河是场地的一大特点，但单一点状的水景空间设置未能很好地利用这一有利的自然条件，稍显遗憾。此外，图纸的完整度不够理想，未能完成任务书中的全部内容表达。

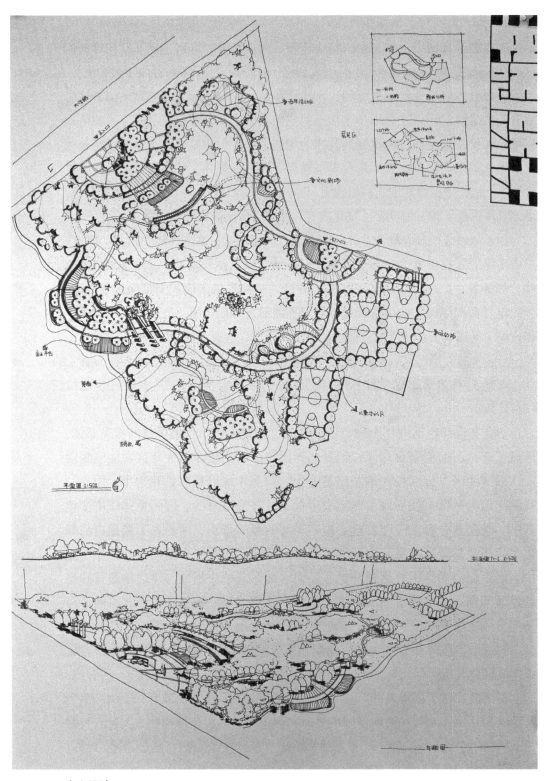

图 3-54　方案设计图

方案 6：作者胡凯富（图 3-55）

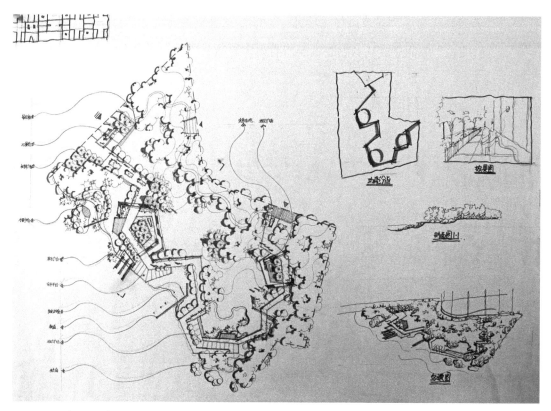

图 3-55　方案设计图

评析：

　　本方案设计形式感较强，空间利用合理，布局简洁。方案采用了自然式结合几何形的空间布局形式，通过蜿蜒折曲的造型园路将场地划分为南北两个景观带，南部为滨水景观带，该景观带虽然面积较小，却是园区内景观环境最为优越的空间区域，作者正是利用了这一区域的环境优势通过穿插在水陆之间的造型园路串联了形式多变、内容丰富的景观空间，满足了观水、亲水、文化展示、游憩、休闲、交流、活动等各项功能需求。北部空间则以大面积的草坪和边缘的林带形成了自然的植物景观片区。南北形式对比强烈、疏密变化丰富，同时满足了绿化率和游园的功能需求。作者对南部驳岸进行了大胆的改造，将一定的水景引入到园区内，即丰富了主要游园线路的景观变化，也使水景形成内外联系。植物种植与场地形式相辅相成，滨水景观带以规则式种植为主，北部植物景观片区以自然式种植为主，并通过园路的延伸使两片区植物景观过渡自然。

　　图纸以单色墨线表现为主，绘制认真、形体表达准确、各区域划分清晰、整体效果突出。

不足之处在于方案对场地内的高差处理稍显不足，只进行了简单的梳理，使场地形成了由北向南逐渐降低的态势，而在大学路沿线高差明显的位置地形处理不够具体，没能很好的体现这一区域的高差解决方案。此外，图纸内容不够完善，未能完成任务书要求的所有内容表达。

方案7：作者秦婧（图3-56）

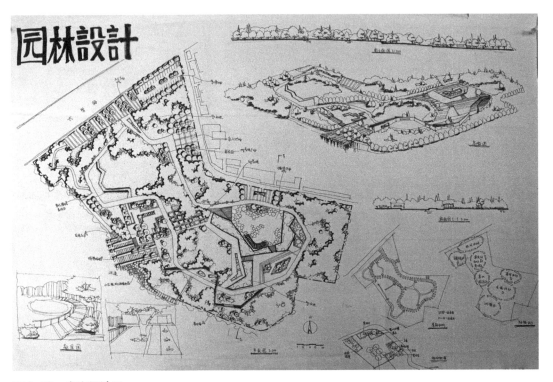

图3-56　方案设计图

评析：

本方案设计图纸内容齐全，空间利用合理。方案通过环形园路控制全园的布局，西侧以入口空间和停车场构成带状空间，北侧以植物景观带为主穿插了两个次入口，中心地带以疏林草地、花畦和样式各异的铺装广场为主，南部空间则打造了以亲水为主题的各类景观空间。场地内活动空间丰富，造景手法多样，景观小品样式各异，较好地满足了文化展示、交流、活动、集会、亲水等功能需求。植物种植形式多样，乔木林带、列植、景池、水生植物园等变化丰富，较好地满足了场地绿化的需求，为城市提供了一个生态化的绿地空间。

图纸以单色墨线表现为主，绘制认真、整体效果较好。

不足之处在于场地内的各个空间处理较为平均，缺少了疏密变化，重点不够

突出，稍显凌乱，一定程度上弱化了方案的特色，未能很好地满足使其成为城
市中具有特色的标志性景观空间的设计要求。

方案 8：作者徐英友（图 3-57）

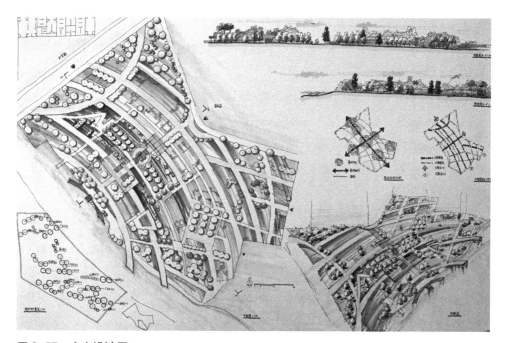

图 3-57　方案设计图

评析：

本方案设计图纸内容齐全，形式感突出，场地开放性强烈，具有明显的广
场空间特质。方案将采用了矩阵式的弧线空间划分形式，将场地划分成尺度各
异的带状绿地空间，由外及内向南部水面汇聚，空间动感处理较好。园内交通
系统发达，各个空间的通行便捷，便于人流的疏解分散。场地内部通过延伸至
突出水面的道路及线型水景空间与南部的河道建立起景观联系，体现了场地的
临水特点。绿地内设置了不同的铺装广场、树阵广场，配合大面积的绿地空间
基本满足了园内的功能需求，为市民提供了一个形式感强烈，绿化面积充足的
休闲、娱乐、交流的公共空间。

图纸以马克笔表现为主，用色简练、笔触有力、整体效果较好。

不足之处在于空间组织形式过于单一，非绿地空间主要成为了交通空间，
降低了功能空间的利用面积，减少了园内活动空间面积。植物种植简单，对场
地的覆盖面积不足。此外，方案对场地原本高差变化未能很好的推敲，对于地
形空间的处理有些随意和表面化。

3.6 中式庭园景观设计

3.6.1 任务书

（1）项目介绍

项目场地位于华北地区，是具有两栋别墅的独立庭园，居住、休闲功能为主。

（2）设计范围

①参照（图3-58）现状平面图，红线范围内为设计用地。

②两栋别墅、餐厅及娱乐室用房、沿红线环路不可变动。

③入口、停机坪、停车场、网球场、儿童活动区的位置不可变动。

④其他内容均可根据设计进行调整，如内部路网、亭廊、驳岸形式等均可重新设计。

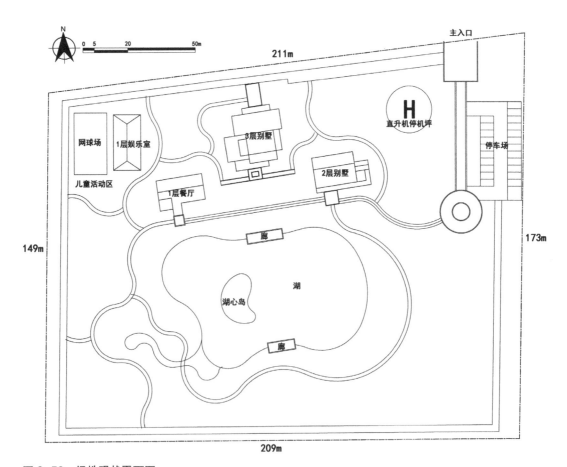

图 3-58 场地现状平面图

（3）园林景观内容

①中国传统园林样式或具有传统园林特点的景观样式。

②湖的西南位置设置叠石假山，并形成跌水与湖连接。

③湖心岛可以调整样式但不可取消。

④3层高别墅、餐厅、娱乐室之间要形成特色化的院落景观。

（4）图纸要求

①平面图不小于1∶1000、分析图、立面图、剖面图、种植设计图、效果图等。

②明确的植物种植设计及植物列表。

③明确的材料设计及主材料列表。

3.6.2　设计案例

方案1-1：作者李松波（图3-59）

评析：

本方案以传统园林的造景手法进行空间布局和景观设计，场地空间利用合理，布局舒朗。庭院以中心的水景为核心，通过地形设计形成了山水相映的景观格局，空间开合变化丰富。山体的设计将庭园空间与场地内的机动车环路隔离，形成较

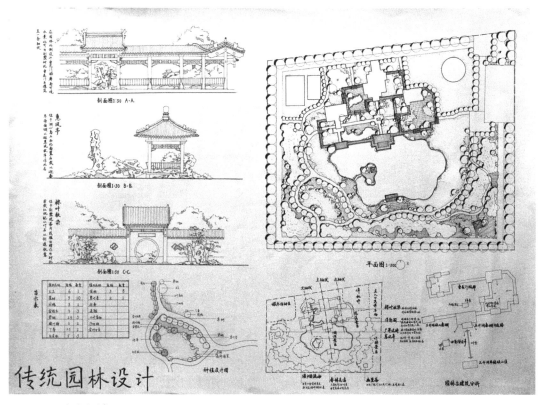

图3-59　方案设计图

为静谧的园林空间。游赏路径设计具有一定的变化，与地形和水体有着较好的结合。作者在原有建筑布局的基础上通过游廊的形式在建筑间形成了不同的小院落，同时与中心水景有机结合在一起，形成了园中有苑的格局，设计较为巧妙。

图纸以单色墨线表现为主，技法娴熟、刻画细致，尤其在园林建筑及局部造景方面的表达十分精彩，整体效果突出。

不足之处在于游线的设计稍显简单，尤其对环湖空间的设计不够充分。同时，在场地的西南角虽进行了山体的设计但却忽视了任务书中跌水景观的设计要求。此外，缺少了鸟瞰图或效果图的表达，对方案的景观效果展示不够理想。

方案1-2：作者李松波（图3-60）

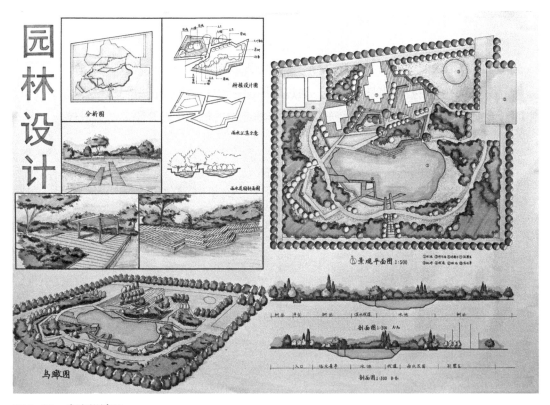

图3-60 方案设计图

评析：

本方案在空间布局上与方案1-1一脉相承，在造景手法上则更加现代。方案依旧以中心的水景为核心，虽未进行地形设计，但通过边缘高大的乔木林带围合了中心的园林空间，为水景提供了良好的植物背景景观带。作者通过形态丰富的木平台和栈道的设计将园内的建筑和水景进行了有机的结合，使建筑间的小院落与主园形成隔而不断的空间体系，打造了丰富的游园路径。

图纸以马克笔表现为主，色彩凝练、刻画细致、整体效果清新、明快。

不足之处在于植物设计不够细致，表达过于概括。建筑间的小庭院处理手法单一，未能充分利用建筑间的场地空间。同时，对于任务书中要求的山体、跌水设计内容未能在设计中有所体现。此外，在鸟瞰图的表达中不应省略建筑的表达。

方案2-1：作者刘蕊（图3-61）

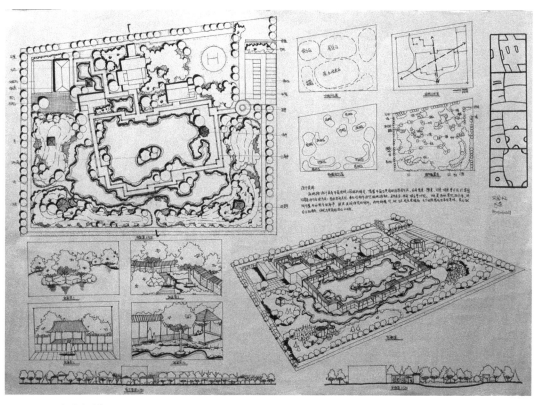

图3-61　方案设计图

评析：

本方案设计图纸内容齐全，空间利用合理，形成了山环水绕的园林格局。方案通过水体将园内各个功能空间串联成有机的整体。通过山体的设计既丰富了园内空间的竖向变化，有效的控制了人的视线开合变化，又与水景形成了良好的山水格局。水面上的岛屿设计大小各异，形成了传统园林中一池三山的经典样式，同时使水面产生了丰富的开合变化，时而成湖时而成溪。同时，作者采用了游廊串联园内景观空间的形式，使建筑与园林有机结合在一起。

图纸以单色墨线表现为主，绘制认真、细节表达清晰、整体效果较好。

不足之处在于园内的道路设计不够完善,山地虽进行了一定的景观空间设计却缺少了必要的游赏路线设计。此外,主要建筑间的小庭院设计不够理想,未能在不同建筑间形成各自独立的小庭院。

方案 2-2:作者刘蕊(图 3-62)

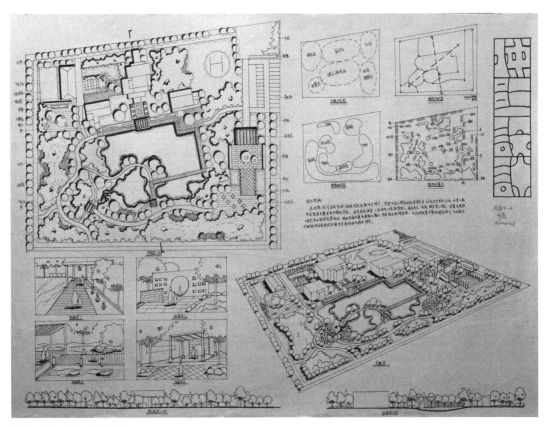

图 3-62　方案设计图

评析:

本方案设计图纸内容齐全,功能布局完善。方案空间划分简洁,以中心水景为核心形成了东侧的冥想空间、北侧的建筑院落空间及西南的山林游赏空间,空间布局疏密有致。水体设计通过两个半岛的设计将水面划分成了大小不同的两个水面,丰富了水面的变化。通过不同的园路设计将各个功能空间串联在一起,游赏路线变化丰富。

图纸以单色墨线表现为主,绘制认真、细节表达清晰、整体效果较好。

不足之处在于园内空间划分虽具体、简洁,但相互间的联系与呼应不够理想,三个景观空间除了园路的联系以外没有任何景观处理上的联系。

方案 3-1：作者许正厚（图 3-63）

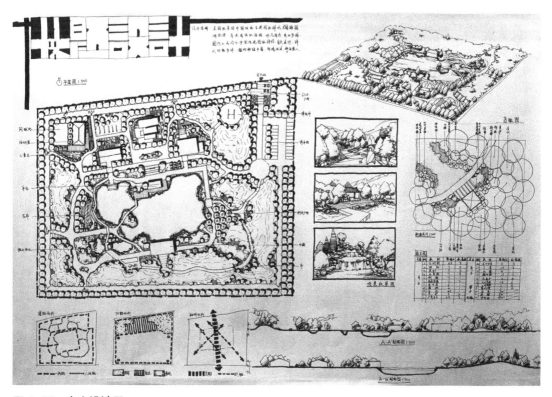

图 3-63　方案设计图

评析：

本方案设计空间布局灵活多变，功能齐全，形成了具有一定传统园林山水格局的空间布局。方案通过地形和丰富的园路设计使空间产生了丰富的开合变化，人的视点不断转换，时而开敞时而郁闭，较好的体现出传统园林的空间特点。在水景设计方面通过岛屿结合桥的方式将水面进行了划分，形成了大小不同的四个水面，对比强烈，体现出传统园林水体处理的特点。

图纸以单色墨线表现为主，绘制细致、表达具体、整体效果较好。

不足之处在于方案设计为了力求面面俱到，图面略显平均，重点不够突出。山体设计很好的控制了空间的变化，但缺少了相应的景观设计，停机坪周边的地形处理有些画蛇添足。此外，建筑周边采用的都是环绕建筑的庭院设计手法，未能形成建筑间相互联系的院落，与任务书的要求有所出入。

方案 3-2：作者许正厚（图 3-64）

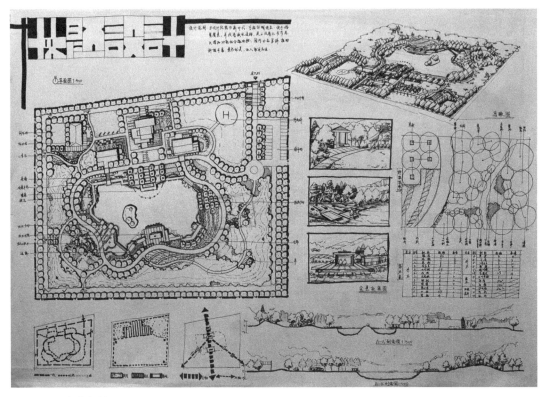

图 3-64　方案设计图

评析：

本方案设计图纸内容齐全，功能布局合理，重点突出。方案通过环形的园路串联园内的主要空间。方案以中心的水景为重点，在环绕水体的空间内进行了内容丰富的景观设计，对景处理得当，突出了水景的核心位置。在水景的外围通过地形设计与水景进行呼应，形成了具有一定传统山水格局的空间体系。

图纸以单色墨线表现为主，绘制细致、表达具体、整体效果较好。

不足之处在于方案 3-2 在建筑间的庭院设计上依旧采用环建筑的景观设计手法，未能形成建筑间的院落式空间设计要求。

方案 4-1: 作者廖怡（图 3-65）

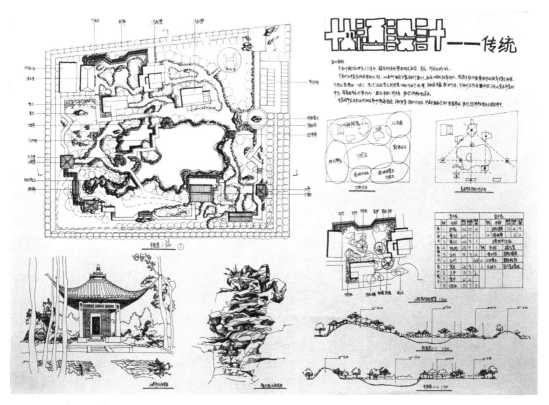

图 3-65　方案设计图

评析：

本方案设计图纸内容齐全，空间组织清晰，功能布局合理。本方案的平面布局样式具有明显的传统园林特点。空间布局舒朗，内容丰富，全园以自然的水体为核心，通过园路和景观建筑串联园内的各个空间，空间开合多变，人的视点变化丰富，做到了步移景异的效果。山水结合，有效地利用了山地空间，使山、水、亭、廊形成有机整体。空间形态自然，具有典型的苏州古典园林的空间特点。

图纸以单色墨线表现为主，技法娴熟，采用了传统园林经典的表现形式，图面重点突出、疏密有致，整体效果突出。

不足之处在于地形设计尚需进一步推敲，以完善山体的形态，更好的满足具有传统园林特点的山体设计。此外，如能通过鸟瞰图表达全园的景观效果则更为理想。

方案 4-2：作者廖怡（图 3-66）

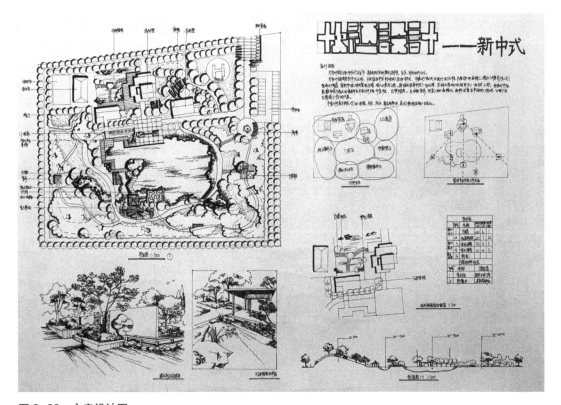

图 3-66　方案设计图

评析：

本方案设计图纸内容齐全，作者采用较为现代的景观处理手法结合传统园林的布局形式，形成了具有一定传统园林格局特点的空间体。全园以中心水景为核心串联了主园与建筑间的庭院。作者着力于中心水景的打造，通过亭、廊、阁、榭等形式丰富了园内的景观空间，曲水流觞的景观设计既体现出传统园林中经典的造景手法又与对岸的观景平台形成了良好的对景效果。山体设计自然，以植物景观为主，与核心景观区形成了对比，全园布局舒朗、疏密有致。

图纸以单色墨线表现为主，刻画细致、重点突出，整体效果较好。

不足之处在于廊、桥、榭等位置的设定与水景的结合需进一步推敲，以更好的划分水面。此外，建筑间的小庭院设计不够细致，手法过于简单，与中心庭园缺少呼应。

方案 5-1：作者阿茹娜（图 3-67）

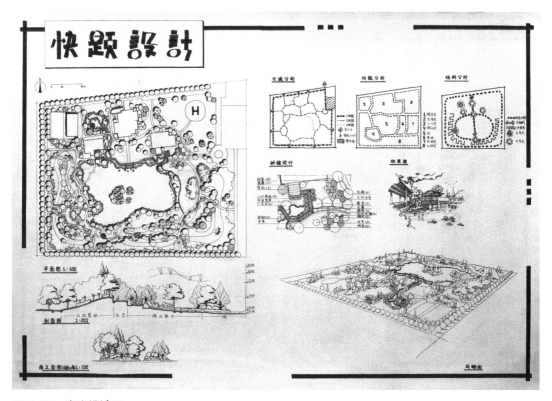

图 3-67　方案设计图

评析：

本方案设计图纸内容齐全，采用传统园林的布局形式，形成了山环水绕的空间布局，重点突出、疏密有致、空间多变。作者通过两组山体将水景包围其间，山体形态各异，有主有辅、岗阜相承，体现出一定山贵有脉的传统园林造景特点。中心水景形态自然，采用了经典的一池三山的处理手法，并且将跌水、湖景与建筑间庭院的水景贯通，使水产生了绵绵不绝的流动态势。

图纸以单色墨线表现为主，技法娴熟、细节表达清晰，植物表达丰富，具有一定的识别性，图纸整体效果较好。

不足之处在于水中三岛的位置略显集中，应结合重点观景位置和景观轴线进行设置。此外，湖景北岸的游廊设置虽有效划分了建筑间的庭院，为观赏湖景提供了良好的空间，但与建筑间庭院的内部联系缺乏细致设计。

方案 5-2：作者阿茹娜（图 3-68）

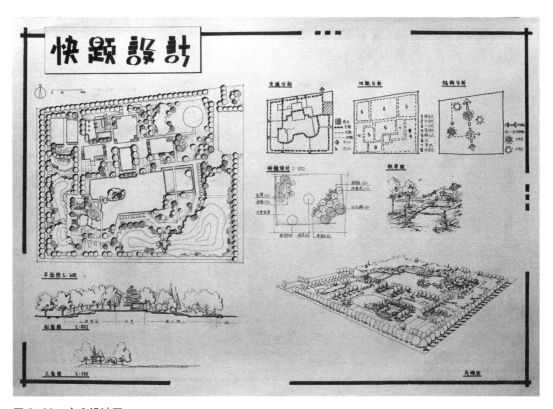

图 3-68 方案设计图

评析：

本方案设计图纸内容齐全，空间利用合理。作者采用较为现代的设计手法结合传统园林的某些造景手法进行设计。水景成为了全园的重点，贯穿在中心园林空间与建筑庭院间，虽采用了较为现代的几何式造型，但湖中三岛的处理手法又体现出一定传统造园理念。通过水体外围的地形设计使园内形成了相对静谧的园林氛围。建筑间庭院设计较为丰富，空间开合有度。

图纸以单色墨线表现为主，绘制认真、细节表达清晰、整体效果较好。

不足之处在于方案整体特色不明显，处理较为平均，以至重点不够突出。同时，中心水景的形态有些随意，略显怪异，尤其是东侧的正方形环水场地设计有些画蛇添足。此外，园路与地形的结合还需进一步推敲，不建议将山体拦腰截断的做法。

方案6-1：作者洪明月（图3-69）

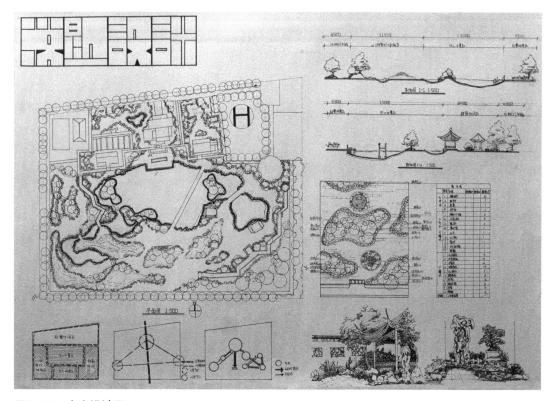

图3-69 方案设计图

评析：

本方案设计图纸内容齐全，空间组织清晰。本方案的平面布局样式具有明显的传统园林特点，布局自然。方案在庭园入口圆形回车位置的障景处理手法较好的体现出传统园林欲扬先抑的处理手法。庭园内以水景为核心，亭、廊、阁、榭穿插其间，通过桥将水面划分成大小各异的五个水面，增强了水面的延伸感，中心湖景形成一池三山的经典样式。园内空间划分自然，游线曲折蜿蜒，视点转换丰富，结合地形设计使园内空间开合多变，较好地体现出传统园林空间变化的特点。建筑间庭院设计简洁，很好的突出了中心山水景园的核心位置，体现出园中有苑的布局特点。

图纸以单色墨线表现为主，技法娴熟、刻画认真、图面表达形式具有明显的传统园林意味，图纸整体效果突出。

不足之处在于湖中三岛的位置设定均在近水岸位置且体量相似，略显单调。同时，中心湖面跨越南北的大桥有些画蛇添足，破坏了中心湖面的整体感。此外，水景未能与山体结合形成跌水景观，与任务书中的要求有所出入。

方案 6-2：作者洪明月（图 3-70）

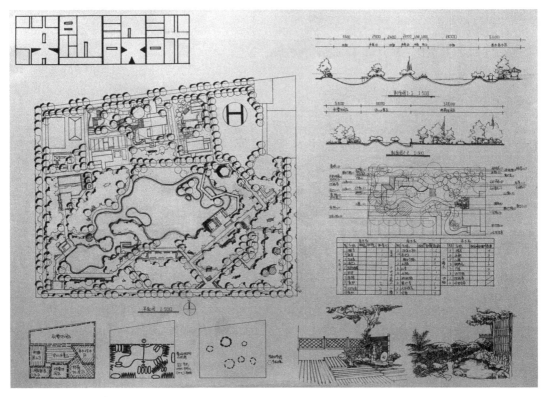

图 3-70　方案设计图

评析：

本方案设计图纸内容齐全，空间利用合理。作者采用较为现代的设计手法，在空间布局方面体现出一定欲扬先抑、步移景异、开合有序、一池三山等传统园林的空间特点。庭园以湖景为中心，通过曲折变化丰富的园路串联园内各个功能空间，从样式到空间组织手法与方案 1 形成鲜明对比，体现出新中式的园林特点。建筑间的各个庭院设计特点各异，具有一定主题变化。

图纸以单色墨线表现为主，技法娴熟、刻画认真、图纸整体效果突出。

不足之处在于本方案从各个位置的景观设计到图面表达略显平均化处理，致使重点不够突出，在植物设计方面最为明显，虽满足了园林景观植物种植的基本要求，却未能从视线控制、空间变化等方面与周围景观形成良好的关系，图面未能形成视觉汇聚点。

方案 7-1：作者李婷（图 3-71）

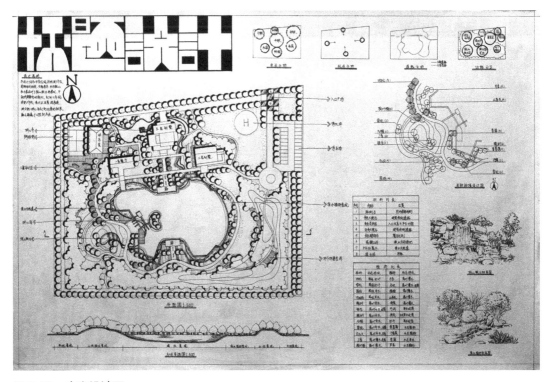

图 3-71　方案设计图

评析：

本方案设计图纸内容齐全，空间布局清晰，结构简洁。方案采用传统园林的作法，园路曲折自然，空间处理方面体现出一定欲扬先抑、步移景异的传统园林特点。作者着力打造以水景为核心的园林景观，沿中心湖景设置了丰富的游赏内容，通过水景的延续将建筑间庭院与中心山水景园串联在一起，既增强了水景的延续流动感又丰富了建筑院落的景观内容。

图纸以单色墨线表现为主，刻画认真、图纸整体效果较好。

不足之处在于景观要素形式较为现代，对传统园林的形式表达不够充分。东西两山间缺少联系，山贵有脉的特点未能体现出来。此外，大面积林带的处理手法应用在传统园林景观设计中不是很适宜，作者对有限的场地空间利用也不够充分。

方案 7-2：作者李婷（图 3-72）

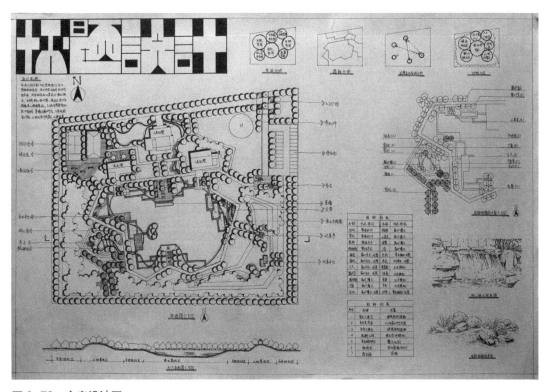

图 3-72　方案设计图

评析：

本方案设计图纸内容齐全，空间布局与方案 7-1 一脉相承，作者用更为现代的设计手法表达出具有传统园林空间特点的园林布局。本方案较之方案 7-1 在湖景周边的景内容更加丰富、形式更加多变，对于亲水性活动的设定十分充分。

图纸以单色墨线表现为主，重点突出、图纸整体效果较好。

不足之处在于虽形成了一套与方案 7-1 不同的设计，但是仅仅从造景要素形式改变方面变化方案略显对空间处理的信心不足，以致两个方案间未形成明显的变化。

方案 8-1：作者陈赫名（图 3-73）

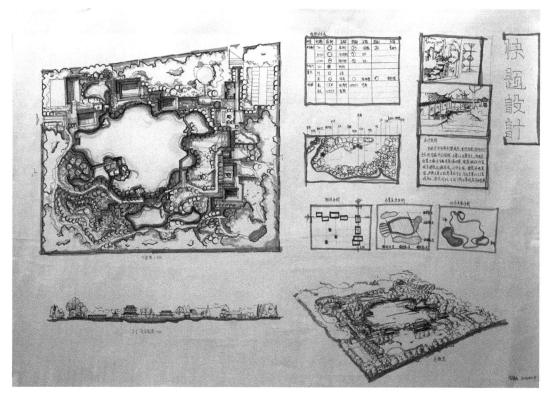

图 3-73 方案设计图

评析：

本方案设计图纸内容齐全，空间布局自然、舒朗。本方案从空间布局形式到景观要素表达等方面体现出一定传统园林的特点。入口处采用欲扬先抑的处理手法，引起游园人的好奇心，将游人步步深入地引入园中。园内空间对场地原貌进行了大胆的变动，将水面进行了扩大化处理，形成北、中、南三海的经典格局，并且在水口、水尾的位置进一步对水面进行划分，增加了水面延伸的流动感，体现出大水宜分、小水宜聚的水景处理特点。亭、台、楼、阁穿插其间，结合地形形成了开合变化丰富，视点多变的空间体系。

图纸以马克笔淡彩表现为主，笔法灵动，用色凝练、大胆，略具水墨山水的特点，图面刻画认真，图纸整体效果突出。

不足之处在于地形处理略显随意，山地间缺乏联系，多孤立零散的置于场地内，未形成良好的山形。场地边缘地带的设计有些随意，未能与中心的山水景园形成良好的联系，对场地的利用不够充分。此外，图面的排版不够精细，略显随意，图面不够饱满。

方案8-2：作者陈赫名（图3-74）

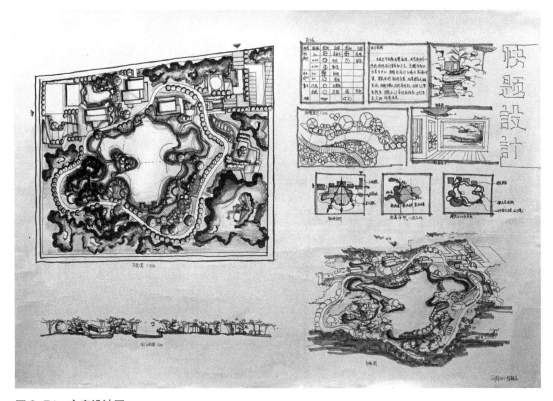

图3-74　方案设计图

评析：

本方案设计图纸内容齐全，依旧采用具有传统园林特点的布局形式，与方案8-1具有一定的相似性，设计手法则较为现代。本方案较之方案8-1，空间布局更加简洁，作者通过自然曲折的环路串联了园内主要的功能空间，围绕水景打造园内主要的景观点，形成了以视线控制为目标的东西两虚轴、南北钟摆式的三向虚轴，景观结构清晰、内容丰富。

图纸以马克笔表现为主，笔法灵动、用色凝练、大胆，图纸整体效果较好。

不足之处在于周边大面积林带化的处理手法虽较好的突出了中心水景的核心位置，但在一定程度上降低了园内土地的利用率，使外围空间与内部的联系被削弱，缺少了步步深入的空间感受。

方案9：作者危夏安妮（图3-75）

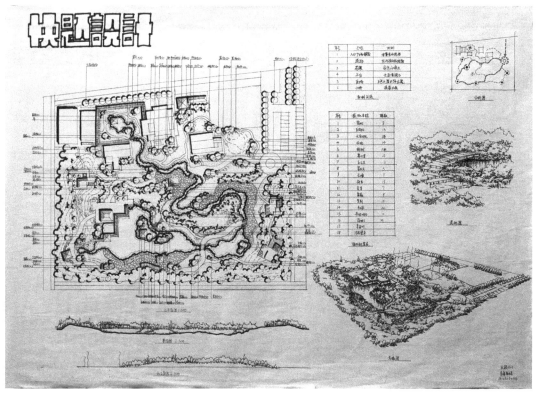

图3-75 方案设计图

评析：

本方案设计对场地基址原貌进行了大胆的改造，采用了传统园林的空间处理手法，欲扬先抑、步移景异、视点多变、场地开合多变、园苑结合，山环水绕，形成布局自然的山水园林格局。方案通过水景串联园内主要景观空间，湖溪结合，形式变化丰富，将全园串联成整体感强烈的空间体系。山体处理主辅相承，岗阜结合，体现出山贵有脉的特点，同时与水景结合自然，形成良好的山水格局。建筑庭院处理简洁，主次分明，并且能够较好地延续中心景园的造园特点和手法。

图纸以单色墨线表现为主，技法娴熟、刻画认真、重点突出，全面、清晰的展示出方案的各个细节，图纸整体效果突出。

不足之处在于主水面的面积略显不足，加之水中岛屿的设计，使水面稍显拥堵，与周边的观景环节未形成理想的景观关系。此外，美中不足的是图中缺少了必要的设计说明。

方案 10：作者张唱（图 3-76）

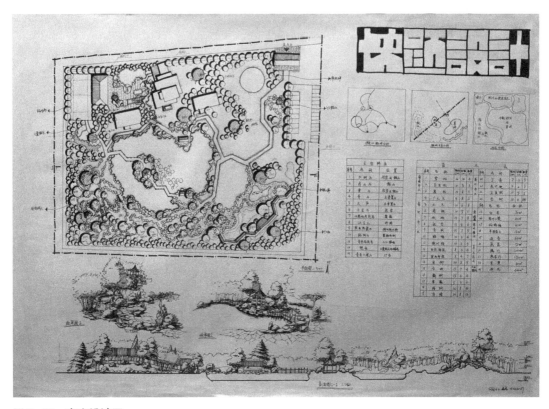

图 3-76　方案设计图

评析：

本方案设计布局舒朗,形式感突出,较具个性。场地布局以山为骨、以水为心,形成了东疏西密的山水园林布局,具有一定的传统园林布局特点。方案在场地东部空间处理简洁,以大面积的草坪辅以植物造景形成了疏林草地的景观空间与中西部的山水景园形成强烈对比,突出了山水景园的核心位置。水景处理方面,湖溪结合,丰富了水景形式的同时将建筑庭院与中心山水景园有机结合在一起。在山体处理方面,形式自然,同时着力打造了山林内部的游赏内容,丰富园内的行进路线和游赏体验。

图纸以单色墨线表现为主,刻画认真、笔法简洁、植物表达准确、美观,具有较好的识别性,图纸整体效果较好。

不足之处在于东疏西密的空间布局缺少了必要的中间过渡地带设计,衔接有些生硬,同时使园内景色一眼望穿,这与传统园林的空间处理手法有所出入。此外,东南位置爬山廊的设计与地形虽有较好的结合,但在最高点的设计未能形成高潮,如将单纯的观景平台改为景亭则更为贴合传统园林的造景特点。

方案 11：作者胡艳晶（图 3-77）

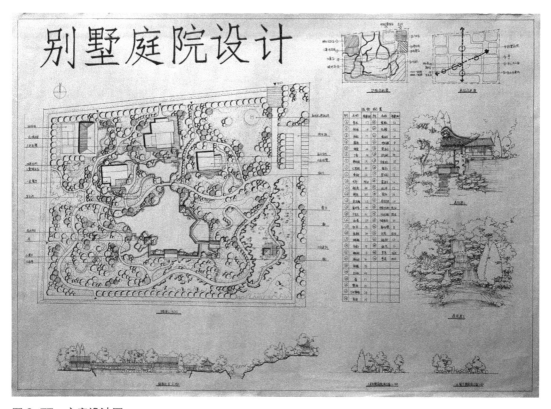

图 3-77　方案设计图

评析：

本方案设计图纸内容齐全，功能布局合理，空间形态自然，具有一定传统园林的空间特点。作者对全园的地形进行了全新的竖向设计，增加了场地的起伏变化，在空间开合、视点变化方面表现较为突出，体现出传统园林的造景特点，配合形态自然的多种园路设计，使园内的游赏路径变化丰富。在水景处理方面形成南北两大水域，并在南部湖区通过廊、桥进一步划分水面，采用了大水宜分、小水宜聚的处理手法。全园整体感良好，一派自然天成的风貌。

图纸以单色墨线表现为主，技法娴熟、刻画认真、疏密有致、表达准确、图纸整体效果突出。

不足之处在于园内地形虽起伏多变但在与水岸结合方面尚需推敲。此外，中心湖景的面积略显不足。

方案 12：作者赵康迪（图 3-78）

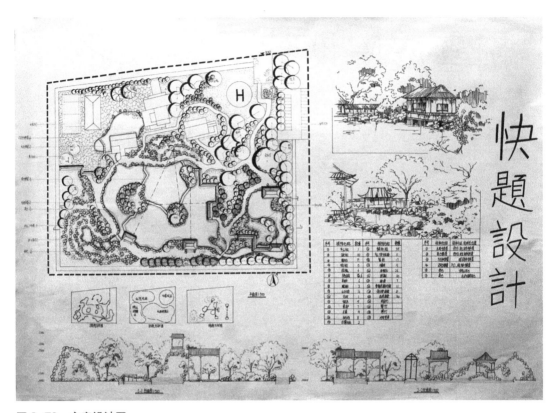

图 3-78　方案设计图

评析：

本方案设计图纸内容齐全，空间形态自然，采用了传统园林的造景手法，较好的体现了欲扬先抑、步移景异、一池三山等传统造园手法。水景是控制全园空间布局的核心，主、辅、次结合，形成了湖溪结合的水景体系。在水岸处理方面，形式多变，有硬质驳岸、土质驳岸，并且与园林建筑结合紧密。建筑庭院与中心景园划分明确，并且通过水景产生了一定的联系。

图纸以单色墨线表现为主，刻画认真、图纸整体效果较好。

不足之处在于建筑间的院落设计不够深入，略显粗糙，没能体现出越小越精的造园理念。同时最北侧的水体形态不够自然与南侧的水形没有形成连续感。此外，湖中三岛的设计虽体现出一池三山的传统造园理念，但在体量和岛屿间的关系处理上尚需推敲，尤其是联系各岛的桥有些过多，使中心水面过于破碎。

3.7 农业体验园景观设计

3.7.1 任务书

（1）项目介绍

项目场地位于浙江,地块三面临水,西邻约 150 米宽运河,南邻约 5 米宽河渠,北临约 80 米宽河渠。场地将建设成为具有农业种植、采摘、住宿、餐饮、垂钓等功能的假期游会所。

（2）设计范围

参照（图 3-79）现状平面图,场地东西距离 160 米,南北距离 80 米。

（3）设计内容

①场地主入口位于东侧。

②场地划分为东西两个大功能区,东部 80 米 ×80 米用地将用于农业生产。西侧 80 米 ×80 米将用于规划建设用地。

③农业生产包括经济作物种植、小鱼塘、采摘等用途。

④规划建设用地范围内将建占地面积不超过 380 平方米的地上一层院落式

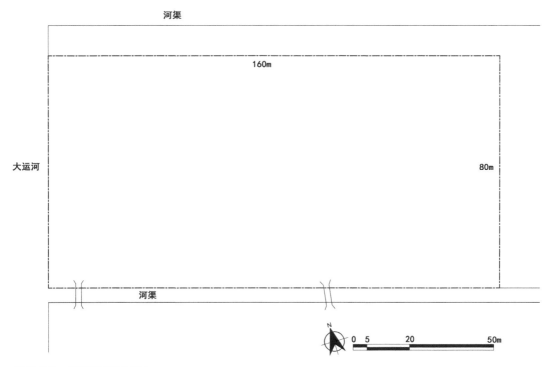

图 3-79 场地现状平面图

建筑一组。建筑坐北朝南。建筑前后设置院落，南侧为主园，北侧具有基本绿化即可，形成独立的建筑庭院。

⑤建筑应具有三个餐饮包间（10人左右）、厨房（含备餐室、储藏室）、临时休息房间至少1间、大厅、地下停车位。

⑥场地内人车分流，入院车辆均从建筑北侧停入地下停车位。

⑦场地南侧临河设计垂钓区。

⑧场地北侧应种植高大乔木，使园内形成相对独立私密的环境。

⑨东西功能区之间以乔木为主的植物景观作分隔。

⑩西侧植物设计考虑与运河景观的结合，南侧河渠的南岸可种植高大乔木进行围挡。

⑪西侧运河驳岸不可改动。

（4）图纸及时间要求

①园区总平面图不小于1:500、分析图、立面图、剖面图、种植设计图、效果图等。

②明确的植物种植设计及植物列表。

③建筑设计。比例自定。应包括总平面图、各层平面图、立面图、剖面图、效果图。标注尺寸。材质分析。

④时间为8小时。

3.7.2 设计案例

方案1：作者危夏安妮（图3-80）

评析：

本方案设计图纸内容齐全，布局合理，较好地满足了农业体验园的功能需求。方案通过中间南北向的乔木隔离带将园区分为了东西两园，同时采用自然曲线的形式划分功能空间，空间形态自然、优美、连贯，使东西两园形成隔而不断的空间体系，整体感良好。适度水景的引入，沟通了内外水的联系，在丰富园内景观的同时满足了鱼类养殖的需求，将农业功能与观景需求有机结合。建筑设计功能排布合理、齐全，形态自然，具有一定的地方建筑特色，与园区自然环境有着较好的融合度。

图纸以单色墨线表现为主，技法娴熟、刻画细致、细节表达清晰、整体效果突出。

不足之处在于场地北侧不应设置出入口，东侧的出入口缺少了门禁设计，未能很好地理解公共园林景观和私有园林景观在出入口设计上的差异性，从而形成了城市游园式的入口空间设计。

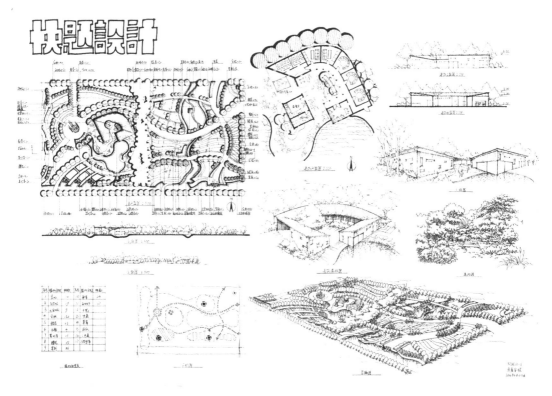

图 3-80　方案设计图

方案 2：作者胡艳晶（图 3-81）

评析：

本方案设计图纸内容齐全，空间利用合理，布局简洁。本方案以植物景观为主，植物种类丰富，种植形式多变，形成了较好的田园自然景观。中间乔木分隔带与周围植物景观结合自然，使东西园区形成自然分隔态势。方案通过一条曲线形道路串联园区各个功能区，空间布局简洁凝练，结构清晰。结合适当的竖向设计使园区景观产生了丰富的层次变化，提升了园内景观的观赏性和空间的开合变化。建筑设计功能排布合理、齐全，具有一定的传统木构建筑特色。

图纸以单色墨线表现为主，绘制认真、细节表达清晰、整体效果较好。

不足之处在于园区路径设置较为单调，降低了园内通行的便捷性和游赏的趣味性。东园的农业区场地划分及植物种植不够具体，未能很好体现出农业园的场地特点。场地西侧边缘地带的植物景观设计不理想，未考虑到透景、借景运河景观的需求。东侧的出入口人车分流的设计十分实用，但缺少了门禁设计。

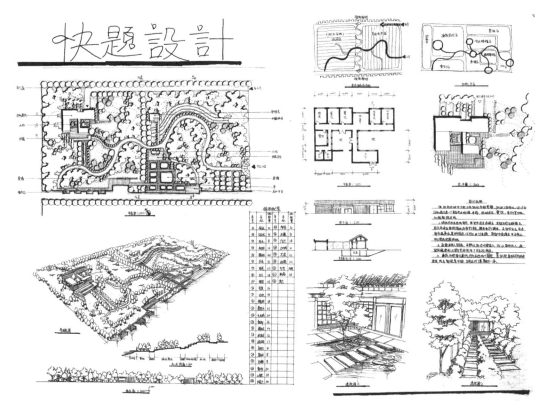

图 3-81　方案设计图

方案 3：作者张唱（图 3-82、图 3-83）

评析：

本方案设计空间布局灵活多变、形式感强烈、功能齐全。方案通过弧线形的空间划分手法，形成了以三角形为主形态的空间布局，园路尺度、形式变化丰富，提升了园内游赏的趣味性。在东西园分隔方面，采用了较为灵活的斜向分隔的形式，处理方式较为新颖。方案在景观细部处理方面较为用心，既满足了功能需求又丰富了造景手法。建筑设计功能排布合理、齐全，具有一定的内外互动的特点，建筑造型简洁。

图纸以单色墨线表现为主，绘制认真、细节表达清晰、整体效果较好。

不足之处在于缺少了任务书中要求的植物设计内容。园内道路的尺度有待进一步推敲，在一定程度上降低了园内土地的利用率。东侧的出入口缺少了门禁设计。

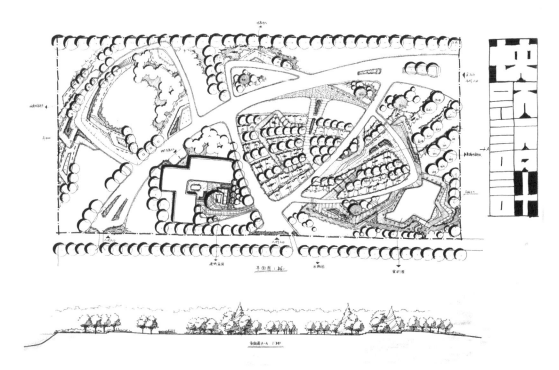

图 3-82　方案设计图一

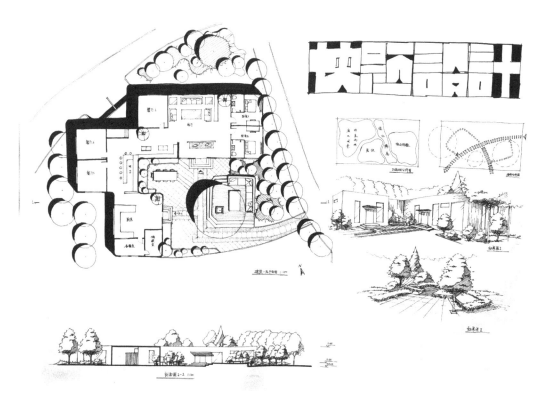

图 3-83　方案设计图二

方案4：作者卢薪升（图3-84～图3-86）

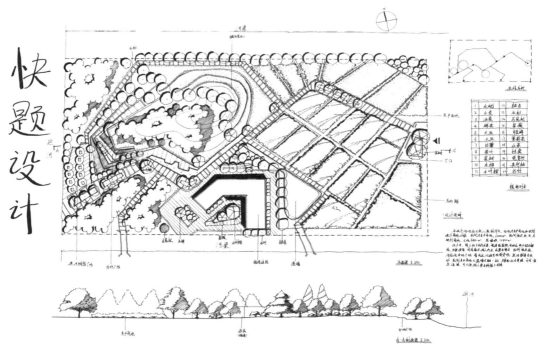

图3-84 方案设计图一

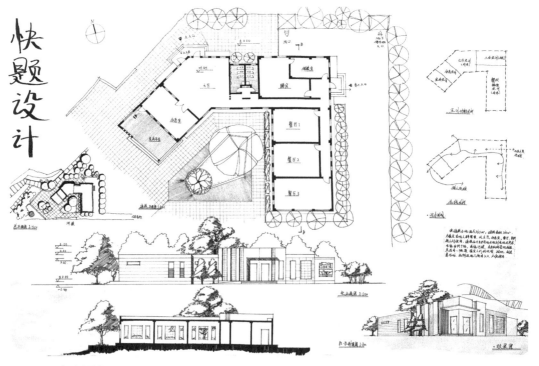

图3-85 方案设计图二

图 3-86 方案设计图三

评析：

本方案设计图纸内容齐全、空间组织清晰、功能布局合理。方案通过不同场地划分形式将园区分隔成东西两园，东侧农业园场地划分齐整，较好地满足了农业功能的需求，也使场地利用率达到了最大化。西侧园区则采用较为自由、变化丰富的场地划分形式，结合地形设计形成了具有较好游赏体验感受的园林空间。东西两园虽处理手法不同但在空间连贯性方面处理较为理想，由东向西，从工整到自由过渡自然，未出现割裂的现象。建筑设计功能排布合理、齐全，建筑造型简洁。

图纸以单色墨线表现为主，绘制认真、细节表达清晰、整体效果较好。

不足之处在于缺少了鸟瞰图的表达，滨河垂钓区设计不够具体。山体形态有待进一步推敲，与周边环境尤其是与南侧建筑环境的互动和衔接不够理想。东侧的出入口缺少了门禁设计。

方案5：作者廖怡（图3-87、图3-88）

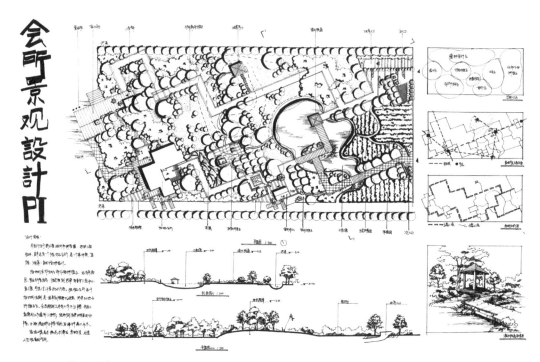

图 3-87　方案设计图一

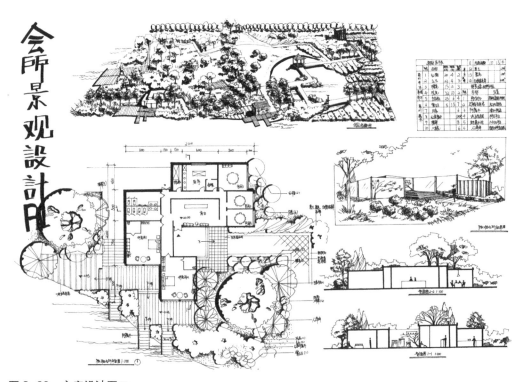

图 3-88　方案设计图二

评析：

本方案设计图纸内容齐全、平面结构清晰、功能全面、布局合理。在空间组织方面，作者通过东西向的两条几何折线型道路将场地划分成大小不同的三段式空间，以中间景观带为核心，结合不同形式的园路设计串联起园内的各个功能空间。空间形式多变，造景手法丰富，游赏路径及视点变换丰富。建筑设计功能排布合理、齐全，建筑造型简洁。

图纸以单色墨线表现为主，技法娴熟，细节表达清晰，尤以建筑设计图纸表达精彩。植物表达具体、美观，具有较好的识别性。图纸整体效果突出。

不足之处在于全园的设计略显重游赏轻农耕的态势，东园农耕区域的场地面积不足，对设计主题的突出不够。场地西侧驳岸设计形式固然突出，但是忽视了任务书中不得改变运河自然河道的要求。场地中间地形设计稍显随意，位于交通和周边景观环境形成合力的结合。建筑设计重功能而轻造型，对建筑造型的表达不具体，同时缺少了地下停车的相关设计。

方案 6：作者赵康迪（图 3-89、图 3-90）

评析：

本方案设计图纸内容齐全，特点鲜明。方案通过简洁的几何形态划分园内空间，将体验园所需功能合理布置于场地中。作者通过斜向的乔木带分隔出东西两园，东侧农业园土地利用充分，较好满足了农业园的功能需求，西侧的游园通过简洁的造景手法基本满足了游赏的景观需求。建筑设计功能齐全，建筑造型简洁。

图纸以单色墨线表现为主，刻画认真、图纸整体效果较好。

不足之处在于东西两园的呼应度不够，致使东西两园略显割断，尤其西园的造景过于简单，降低了土地的景观利用率，未能达到理想的景观效果。西南角的地形设计对其必要性的推敲不够。建筑功能布局合理性有待进一步推敲，建筑造型略显呆板。

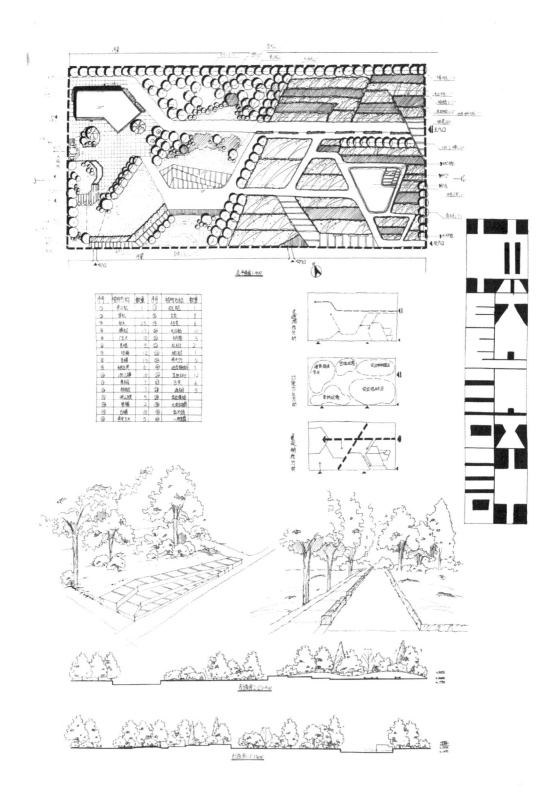

图 3-89　方案设计图一

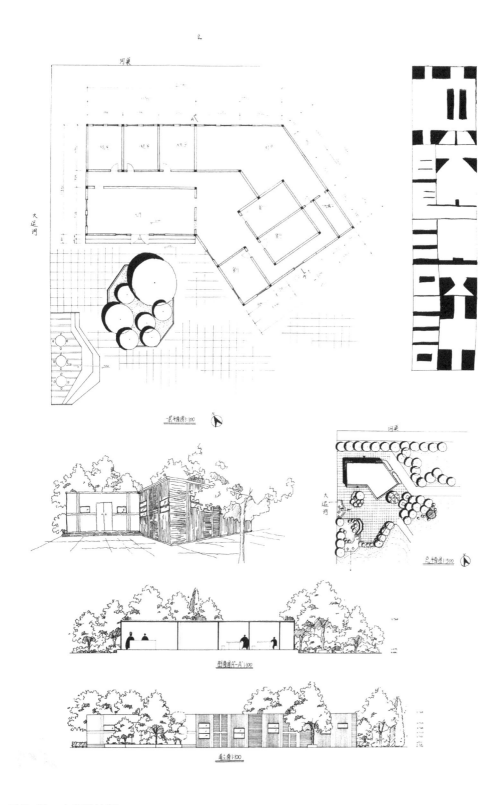

图 3-90 方案设计图二

方案7: 作者溪然（图 3-91 ~图 3-93）

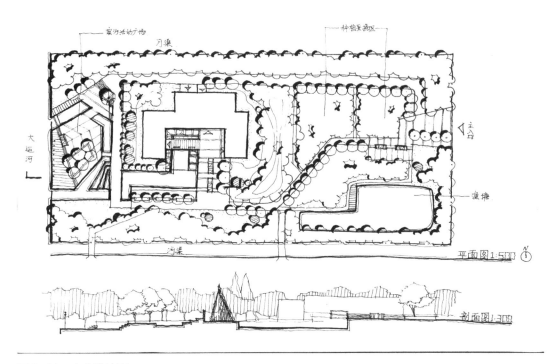

图 3-91 方案设计图一

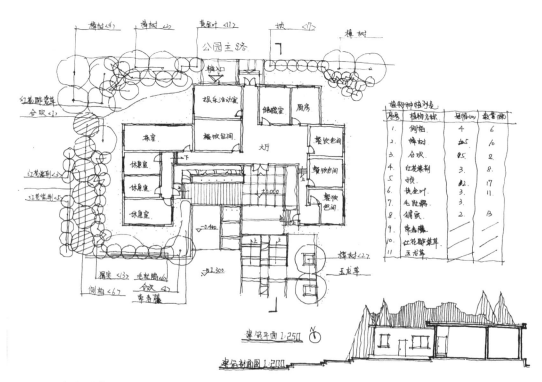

图 3-92 方案设计图二

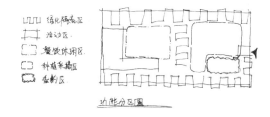

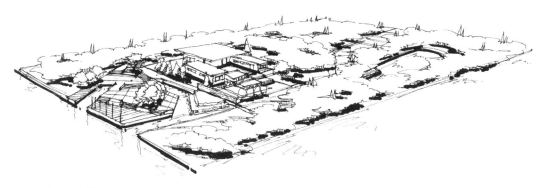

图 3-93　方案设计图三

评析：

本方案设计空间布局清晰，结构简洁。方案以东、南、北三条植物隔离带将场地设计成内部独立的空间环境，场地内通过中间的植物带配合地形处理形成东西两园。全园由东向西共形成以农事体验为主的农业区、以建筑为核心的游园区以及最西侧以水景为主体的滨水区三大板块，空间划分明确，功能清晰。建筑设计功能排布合理、齐全，建筑形态简洁。

图纸以单色墨线表现为主，刻画认真、图纸整体效果较好。

不足之处在于空间布局略显简单，缺少了垂钓区域的具体设计，三面的植物隔离带占地面积过大，在一定程度上降低了园内空间的有效利用面积，其中农事区域的场地需进一步明确功能区划。建筑造型表达不具体，未能看到建筑及院落的具体样式。最西侧的滨水景观设计将驳岸打开引水入院固然是较好的临水景观处理手法，但在一定程度上违背了任务书中不得改动运河驳岸的要求。此外，图纸排版稍显随意，结构合理性还需提升。

方案8：作者宋旸（图3-94、图3-95）

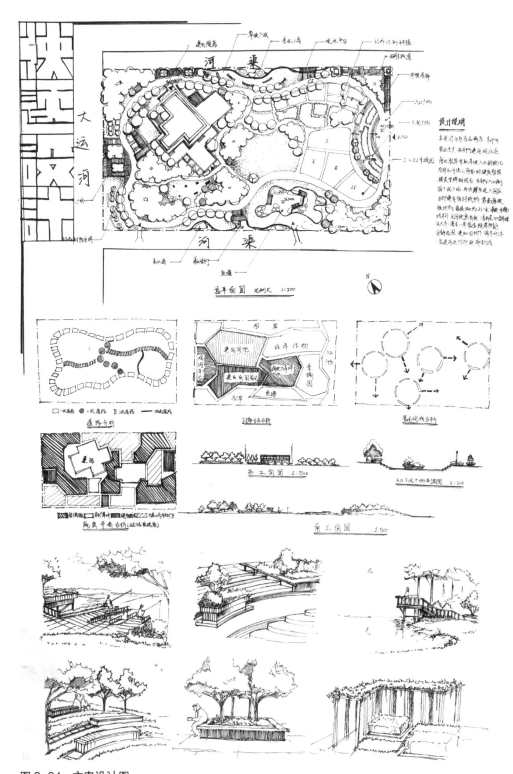

图3-94　方案设计图一

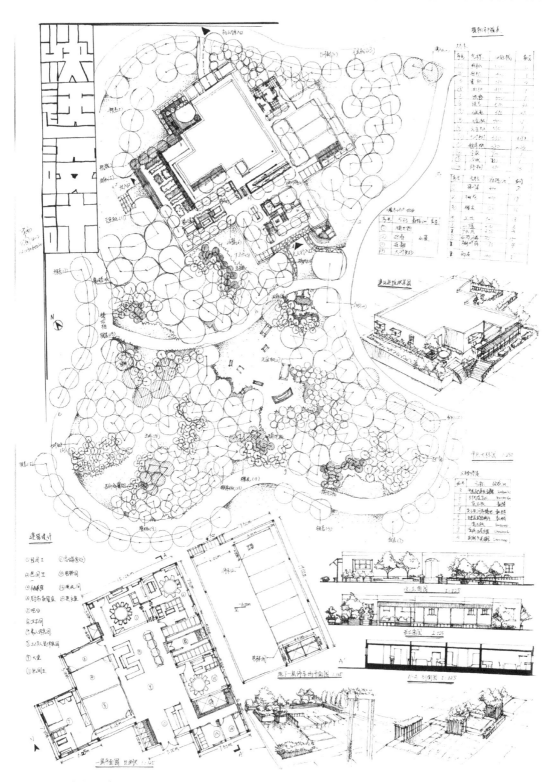

图 3-95　方案设计图二

评析：

本方案设计图纸内容齐全、丰富，表达具体。方案通过环形园路组织园内空间，形成东侧农业园和西侧以建筑为核心的庭园区，结构清晰，功能布局合理。东侧农业园的场地划分具体，较好满足了农事体验的功能需求，土地利用率较高。西侧的游园区环绕建筑进行了较为细致的路线设计，植物景观设计丰富，种植设计具体、细致，基本满足了游赏活动的功能需求。建筑设计，功能排布合理、齐全，并进行了具体的地下停车空间设计，抬高建筑地平的做法较为新颖，建筑形态简洁。

图纸以单色墨线表现为主，刻画认真、图纸整体效果较好。

不足之处在于未能深入分析普通游园与农业体验园在空间形态和造景中的差异性，方案整体依旧采用了较为传统的城市游园的设计手法，对主题性的突出不够理想。场地中的各个景观区域的内容设计略显空洞不够具体丰富。此外，错误标注了场地北侧河渠的现状位置。

方案 9：作者李婷（图 3-96）

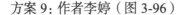

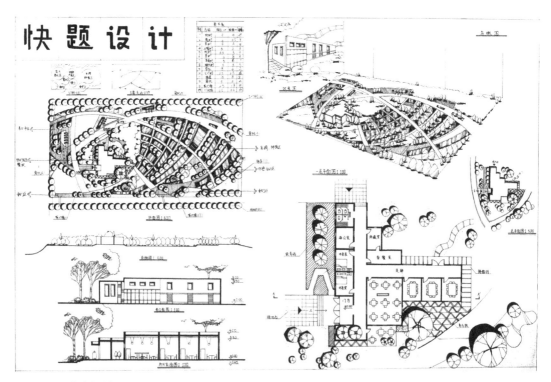

图 3-96 方案设计图

评析：

本方案设计图纸内容齐全，形式感强烈。方案通过弧线交叉的形式划分空间，东西两园分隔清晰，形式贯通。东侧农业园场地划分细致，功能全面。西侧游园区以建筑为核心营造了较为自然轻松的园林环境，较好地满足了园林游赏及活动的各项需求。滨水景观处理较为适宜，有效地利用运河将水景引入园内。建筑设计功能排布合理、齐全，图纸表达准确、细致，建筑形态简洁。

图纸以单色墨线表现为主，刻画认真，全面、清晰展示出方案的各个细节，图纸整体效果较好。

不足之处在于未能深入对建筑院落进行设计，院落景观的细化设计略显不足，对于建筑造型的表达还不够充分。同时，未进行明确的地下停车系统设计。

方案 10：作者李松波（图 3-97）

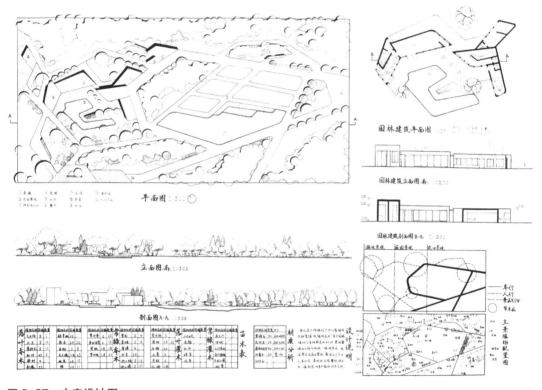

图 3-97　方案设计图

评析：

本方案设计布局舒朗，形式感突出，较具个性。场地通过自由折线划分空间，以南北植物带包围出中心的核心景观区域，重点突出。东侧农事区域具有明确的功能区划，西侧园区通过分散的建筑院落来进行空间组织，形成了一定的园中有苑的景观体系。植物设计细致，种植形式丰富多变。建筑设计功能排布合理、齐全，图纸表达准确、细致，建筑形态独具特色。

图纸以单色墨线表现为主，刻画认真，笔法简洁明朗，植物表达准确、美观，具有较好的识别性，图纸整体效果较好。

不足之处在于围合场地空间的绿化带占地面积过大，一定程度上减少了满足农业体验园功能需求的用地面积。此外，缺少相应鸟瞰图及效果图的表达，对全园景观效果的展示不足。

方案11：作者阿茹娜（图3-98）

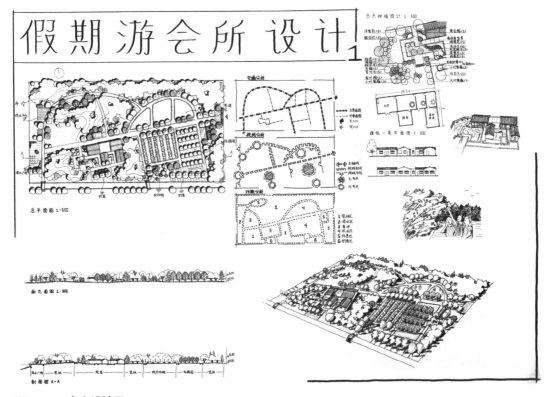

图3-98　方案设计图

评析：

本方案设计图纸内容齐全，功能布局合理，形式变化丰富，具有明显的田园景观特点。方案通过一条贯穿东西的主路将园内空间划分为南北两个片区，在区分东侧农事园和西侧游赏园的同时将北部片区设计成以观赏和游玩为主的自然景观区域，南侧片区则规划得相对工整，内容丰富，有效满足了各项活动的需求。通过一定的地形设计为建筑提供了相对独立的院落空间，也丰富了场地内的竖向变化，丰富了游赏的体验感。建筑设计具有一定的地方建筑风格样式，与周围环境融合度较高。

图纸以单色墨线表现为主，刻画认真、图纸整体效果较好。

不足之处在于园内体验活动内容的规划设计稍显不足，西侧园林内容略显空洞。建筑功能的排布有待进一步推敲，合理性不足。此外，设计图纸的排版有待提升，图面较为松散。

方案 12：作者洪明月（图 3-99、图 3-100）

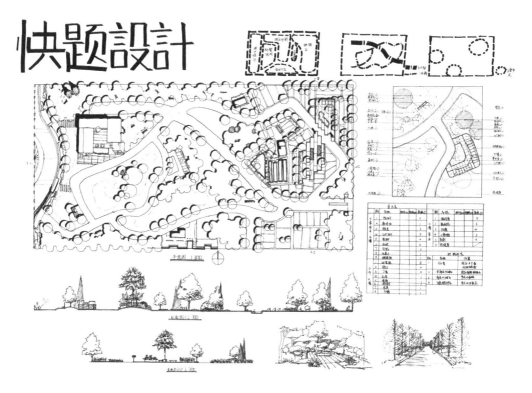

图 3-99　方案设计图一

评析：

本方案设计结构清晰、功能齐全。方案通过园路组织园内空间，由东向西形成了农事区、自然景观区、建筑院落区和滨水广场四大片区，划分明确，贯通性良好。其中农事区设计较为细致，形式丰富。种植设计细致。建筑设计功能排布合理，建筑样式自然，与周围环境相互融合。

图纸以单色墨线表现为主，刻画认真、图纸整体效果较好。

不足之处在于整体设计偏向于常规化游园设计，对农业体验园的特色表达不够充分。其中农事区的用地面积稍显不足，大量的空间处理成为了具有一定地形的公园化景观区域，一定程度上背离了农业体验的设计主题，致使设计内容有些简单。建筑设计没有完成，缺少了效果图的表达。

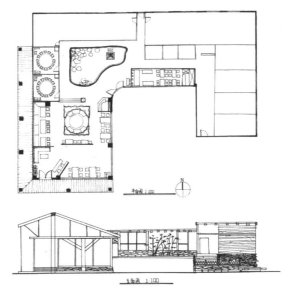

图 3-100　方案设计图二

方案 13：贺宇（图 3-101、图 3-102）

评析：

本方案设计结构简洁、布局清晰。方案通过圆弧形的主路控制全园的布局，借助中间地带的景观化处理方式将园区分隔成东西两园。东侧的农事园以规整式划分为主，充分利用场地满足农事体验的需求。西园则以自由布局为主，结合地形设计了内容丰富的活动空间。东西两园形式对比强烈但贯通性较好，空间开合、疏密变化丰富。

图纸以单色墨线表现为主，刻画认真、表达效果良好、图面工整。

不足之处在于未能完成建筑设计的相关图纸表达。建筑平面形态较为单调。西侧滨水驳岸的设计虽具特点，但在一定程度上违背了任务书中不得变动运河驳岸的要求。

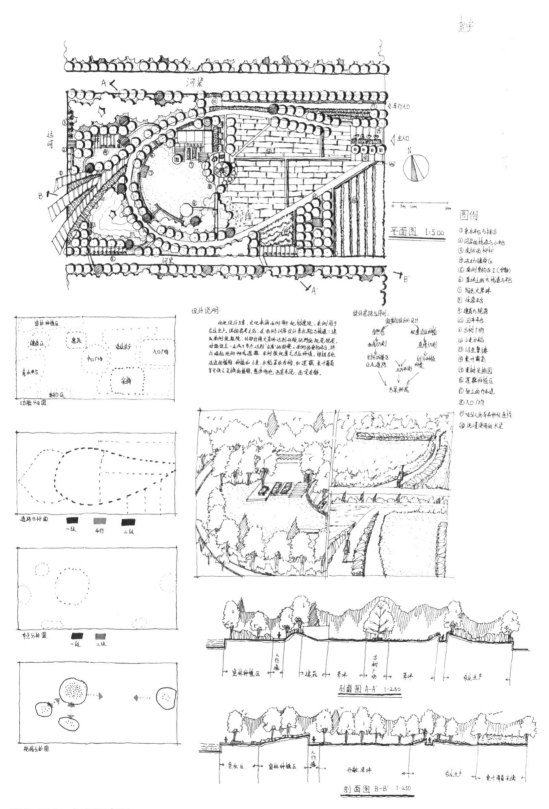

图 3-101　方案设计图一

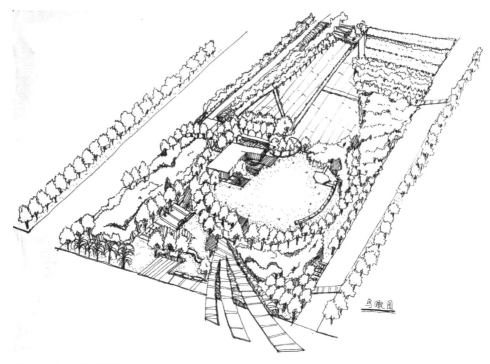

图 3-102　方案设计图二

方案 14：作者钱笑天（图 3-103）

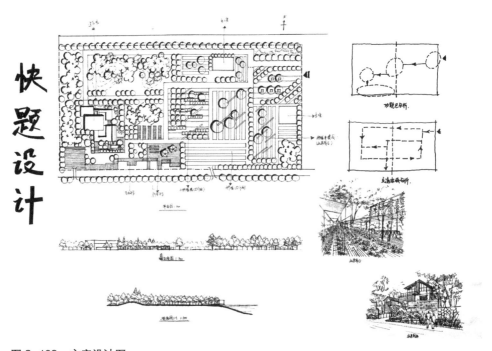

图 3-103　方案设计图

评析：

本方案设计特色鲜明，具有明显的农业景观的布局特点。作者运用几何形空间划分的手法，将场地划分成大小不同的功能区域，形成了东疏西密的景观节奏。方案将分隔东西园区的乔木带巧妙融入景观环境中，既达到了分隔的目的又实现了场地整体感的表达。

图纸以单色墨线表现为主，线条利落、图面工整。

不足之处在于图纸内容不齐全，未进行建筑及庭院的具体设计。东侧滨水带的植物景观设计略显简单，未考虑到与运河景观的结合，一定程度上说明作者对场地现状的分析不够深入透彻。

3.8 高校中心绿地景观设计

3.8.1 任务书

（1）项目简介

设计地块位于北京某高校中心区，是学校中心花园的备用地块。周围设有实验楼、教学楼、主楼、校医院、大学生活动中心、锅炉房，场地平整（图3-104标注单位为米）。场地南北临学校东西向主要交通通道，北侧为机动车、非机动车与人行混合通行的道路，南侧为非机动车与人行通行道路。

（2）设计目标

将本地块设计成为服务于学校师生的中心花园，应满足休闲、娱乐、学习、小型集会等日常需求,风格不限。场地内现有南北向道路可以依据设计需求调整。

（3）图纸内容及时间要求（表现技法不限）

①平面图1:500。

②立面图或剖面图不少于1张。

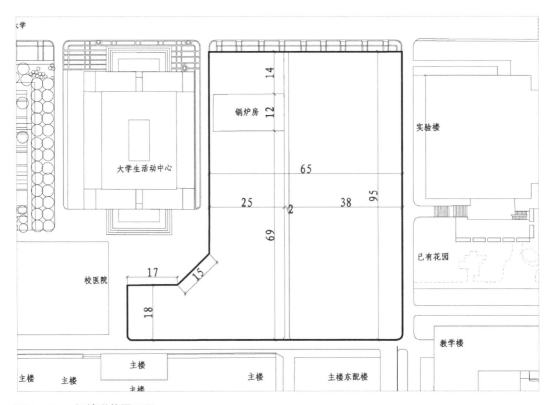

图3-104 场地现状平面图

③效果图不少于 1 张。

④分析图。

⑤简要文字说明。

⑥时间为 4 小时。

（4）图纸要求

A3 图纸不少于两页。

3.8.2　设计案例

方案 1：作者孙雪梅（图 3-105、图 3-106）

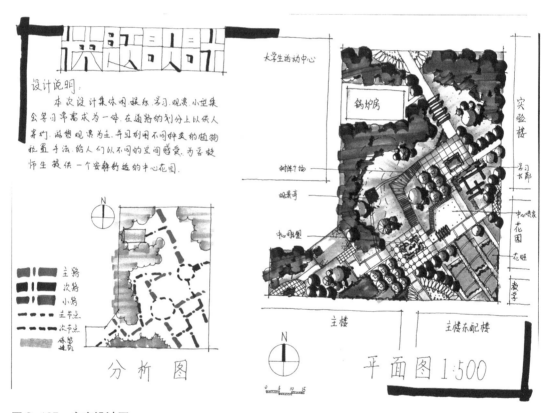

图 3-105　方案设计图一

评析：

本方案设计空间变化丰富，重点突出，通过微地形及植物的设计使整个场地形成一个半围合的空间，既隔离了锅炉房又为场地营造出相对静谧的环境氛围，较好地满足了校园小游园的功能需求。出入口和功能区等建立在对现状的准确分析基础上，有效满足了使用需求。

图 3-106　方案设计图二

　　图纸以马克笔表现为主，用色凝练、笔触有力、整体效果清新明快。

　　不足之处在于平面图中没有标注出剖切位置。学习长廊区域的设计表达不够具体。鸟瞰图中植物表达有些粗放，一定程度上影响了鸟瞰图对全园景观效果展示的清晰度。

　　方案 2：作者邓冰婵（图 3-107 ~图 3-109 ）

　　评析：

　　本方案设计结构清晰、布局合理。场地定位合理明确，作为集中的活动场地，环境丰富、多样，空间明确，细节清晰。其中斜向穿行的空间曲折多变，极大丰富了游览线路上的空间变化和视角转换，在狭小的空间内营造出变化丰富的景观空间。

　　图纸以马克笔表现为主，用色大胆、笔法硬朗、整体效果清新明快。

　　不足之处在于西侧次入口的处理手法略显生硬，未与游园整体形成良好的衔接。此外，缺少了满足锅炉房工作通勤使用的独立通道。

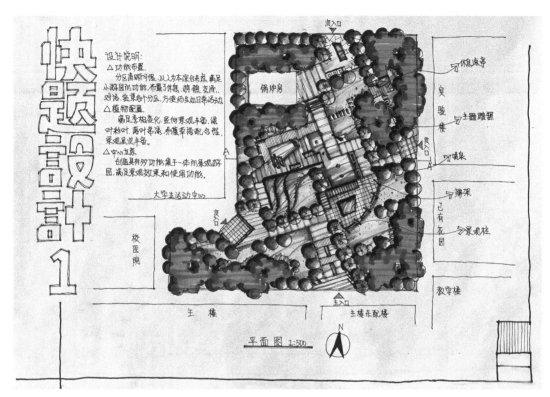

图 3-107　方案设计图一

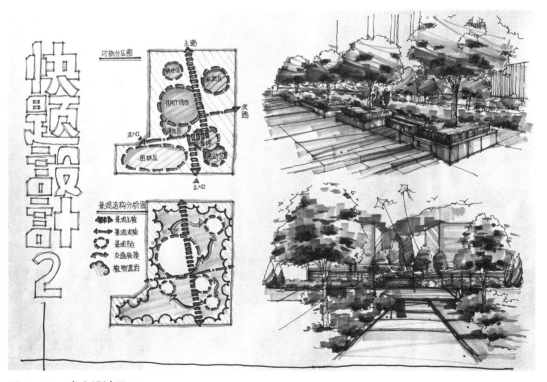

图 3-108　方案设计图二

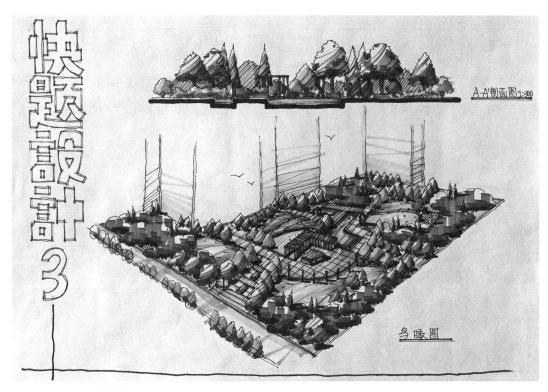

图 3-109　方案设计图三

方案 3：作者李松波（图 3-110、图 3-111）

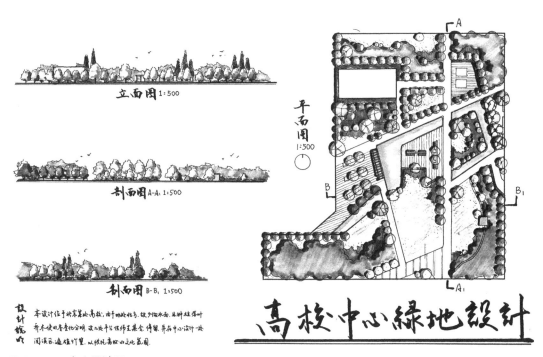

图 3-110　方案设计图一

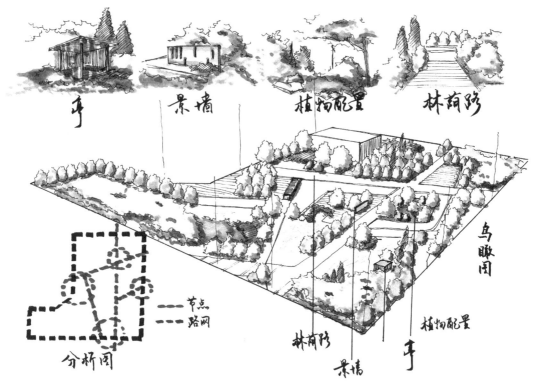

亭　　景墙　　植物配置　　林荫路

鸟瞰图

林荫路　景墙　亭　植物配置

分析图　——节点　----路网

图 3-111　方案设计图二

评析：

本方案设计图纸内容齐全，形式处理手法灵活。在保留原有南北向道路的基础上通过增设东西向直线穿行场地的道路形成了控制场地整体格局的基本框架。几何式的场地划分手法是本方案的特色所在，在功能区划分的基础上借助水体在不同功能区间建立起联系，使整个场地节奏连续，视角多变，空间开合有序。

图纸以马克笔表现为主，笔法细腻、色彩淡雅、整体效果清新明快。毛笔书写特色突出，字体美观。

不足之处在于平面图中缺少必要的文字标注内容。缺少了满足锅炉房工作通勤使用的独立通道。

方案 4：作者葛嘉铭（图 3-112、图 3-113）

评析：

本方案设计图纸内容齐全，空间组织清晰。通过东西向和南北向的垂直轴线控制住了全园的空间布局，功能区划简洁明确。轴线中心交汇区域成为场地核心广场区域，较好地满足了集会等活动需求，东北与西南布置了休闲和水景区域，满足了游赏的需求，西北和东南区域则以植物景观为主，使场地在各个

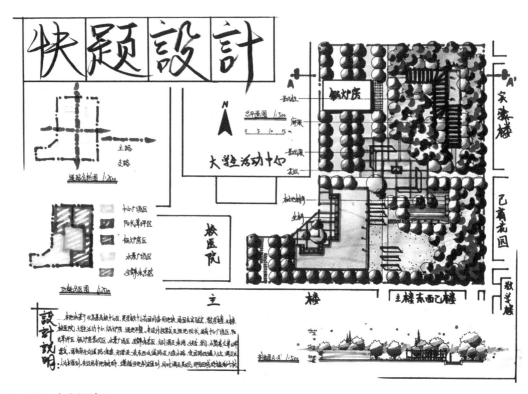

图 3-112　方案设计图一

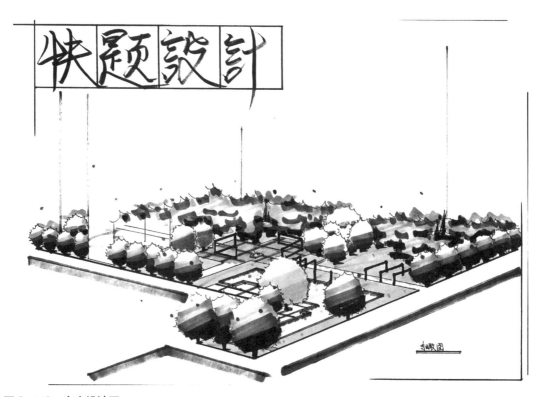

图 3-113　方案设计图二

方向上的景观特色鲜明、对比强烈、动静结合，突出了视觉上的斜向虚轴，在一定程度上削弱了十字交叉式空间布局的单调性。

图纸以马克笔表现为主，色彩丰富、笔法工整而硬朗、图面效果强烈。

不足之处在于鸟瞰图的视点较低，对全园的景观效果表达不够全面。同时，南入口区域的景观架设置略显随意。

方案 5：作者胡叶阳（图 3-114、图 3-115）

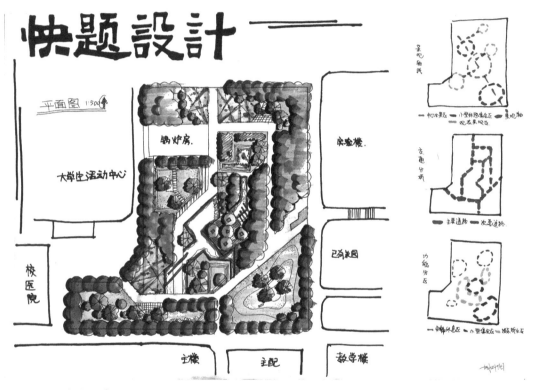

图 3-114　方案设计图一

评析：

本方案设计平面布局合理、结构清晰。空间处理属于典型的内聚式组织手法，场地四周以高大乔木围合，使场地内形成相对独立和静谧的园林环境，东南角隅的微地形与西北侧的建筑形成一定的呼应关系，同时东北与西南的植物景观也形成了良好的呼应关系。作者将中心区域设计得十分丰富，手法多变，形成了连续变化的景观带，成了全园的核心，重点突出。

图纸以马克笔表现为主，整体效果清晰明快。

不足之处在于图纸中的标注不够全面，平面图中缺少必要的文字标注和剖切符号，图名标注不齐全。微地形空间植物种植稍显随意，推敲不够。

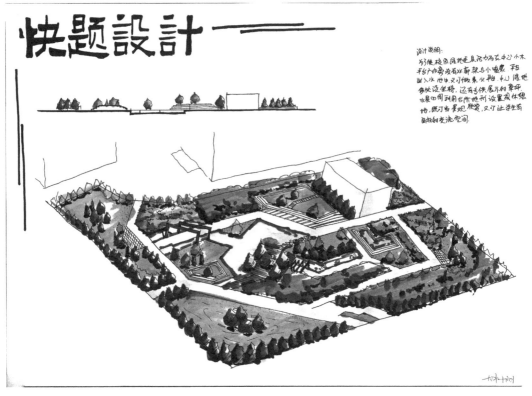

设计说明:

为了使校园用地更具活力而在此中心木平台广场的旁设有水帘架与小喷泉。在引入水也也又可做亲水和休闲憩地多处设坐椅。还有专供居民的草坪以果四周利用场所地形设置成休憩地,既可当景观欣赏,又可让学生有良好的交流空间。

图 3-115　方案设计图二

方案 6：作者卜源（图 3-116、图 3-117）

评析：

本方案设计图纸内容齐全、空间布局清晰、组织手法简洁凝练，较好地满足了场地内的功能需求，体现出了小场地设计的特点。方案通过两条平行的斜线交通控制全园的布局，以中心广场为核心，环绕式布局各个功能区块，重点突出、结构合理。

图纸以单色墨线表现为主，刻画细致、图面工整。

不足之处在于功能区的位置设定有待推敲，如南侧临近主要通行道路的木栈道及比邻锅炉房东南角隅的活动场地的设定不尽理想。此外，立面和剖面图的内容较为空洞。

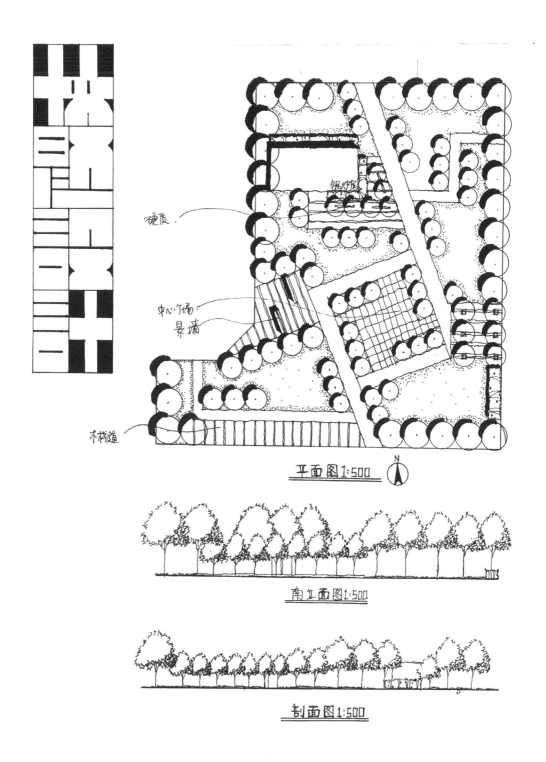

硬顶

中心广场
景墙

木栈道

锅炉房

平面图1:500

南立面图1:500

剖面图1:500

图 3-116　方案设计图一

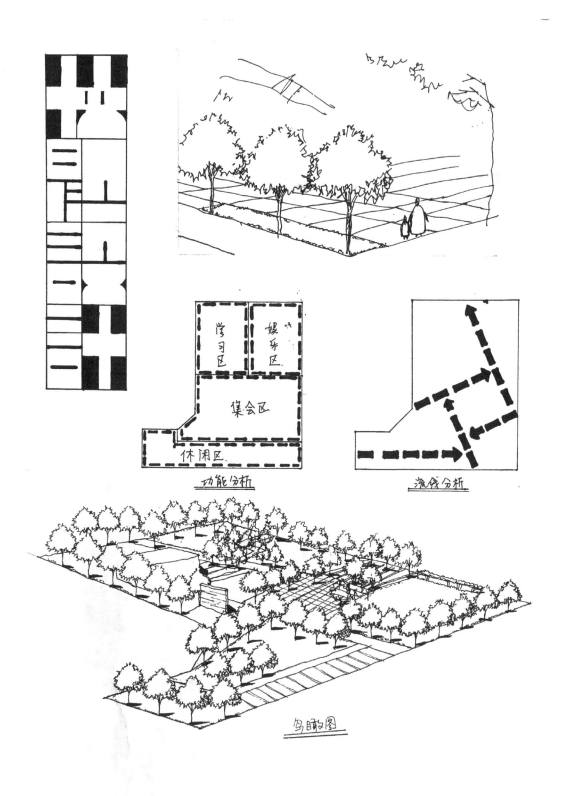

功能分析

流线分析

鸟瞰图

图 3-117 方案设计图二

方案 7：作者许正厚（图 3-118、图 3-119）

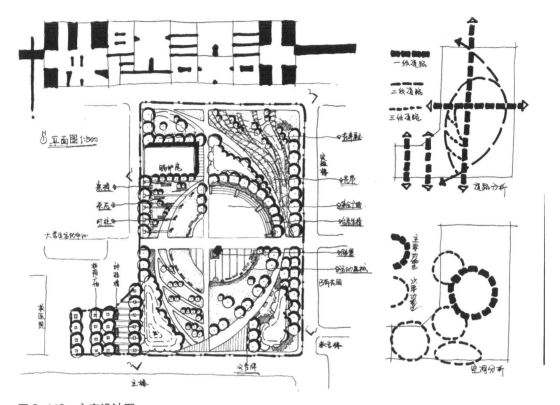

图 3-118 方案设计图一

评析：

本方案设计图纸内容齐全、结构清晰、形式感突出。通过十字交叉的主路控制全园的布局，借助曲线形园路的设置将各功能区域设置在中心广场四周，场地划分灵活，在满足功能需求的基础上形成了大小各异、开合变化的空间体系。同时，借助场地四个角落的地形设计使场地内部形成了较为独立的空间，丰富了场地的竖向变化。

图纸以单色墨线表现为主，线条硬朗、刻画细致，图面工整。

不足之处在于平面图中缺少剖切符号的标注。四个角落的地形设计将场地西南角的地块隔离在主场地之外，缺少了必要的联系。但是作者在西南角地块进行了快速通行路径的设计，说明作者对周围业态有着良好的解读和分析。

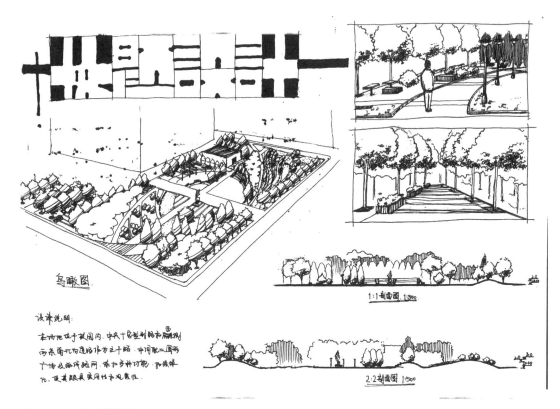

鸟瞰图

该评说明:

本场地位于校园内，中央十字型刻的布局展现而东南北向道路作为主干路，中间配以圆形广场及曲线路网，添加多种功能，加强绿化，及其能具实用性市观象性。

1:1剖面图 1:500

2:2剖面图 1:500

图3-119　方案设计图二

方案8：作者廖怡（图3-120、图3-121）

评析：

本方案设计手法多变、内容丰富、功能齐全。作者在设计中通过运用不同铺装形式将各个功能区域进行了精心的区划，满足了小型游园的各项功能需求。植物配置丰富，种植形式变化丰富，自行车停车区域的设置恰到好处。此方案在一定程度上体现出作者对小型游园场地设计的良好掌控能力。

图纸以单色墨线表现为主，刻画细致、疏密合理、图面工整。

不足之处在于场地各个位置的处理及刻画过于统一、平均，虽内容丰富但却缺少对比，重点不够突出。北侧的圆形广场有些突兀与场地内的其他设计元素缺少呼应与联系。在地形空间的处理方面，对地形的整体形态推敲不够细致，植物配置不尽理想。更为重要的是图纸中缺少了鸟瞰图的表达。

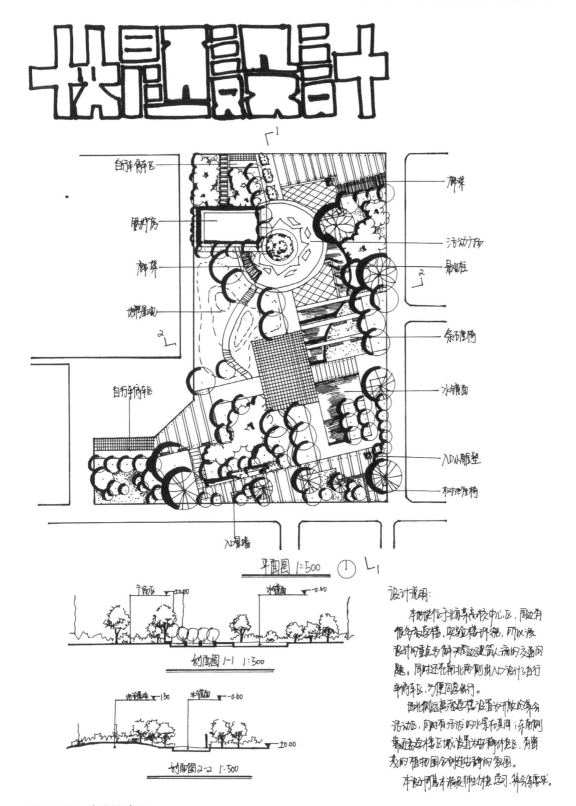

平面图 1:500

剖面图 1-1 1:500

剖面图 2-2 1:500

设计说明:

本地块位于北京某高校中心区,周边有很多高层楼,实验楼层等,所以该设计应重点解决周边建筑人流的交通问题,同时还在西北两侧做入口设计;自行车停车区,方便同学们行。

西北侧远离高层楼设置为开放的集会活动区,同时有活泼的水景等项目;东南侧靠近高层宿舍区域设置为安静休息区,有密实的植物围合形成静谧的氛围。

本设计内易车流及师生休息、集会等需求。

图 3-120　方案设计图一

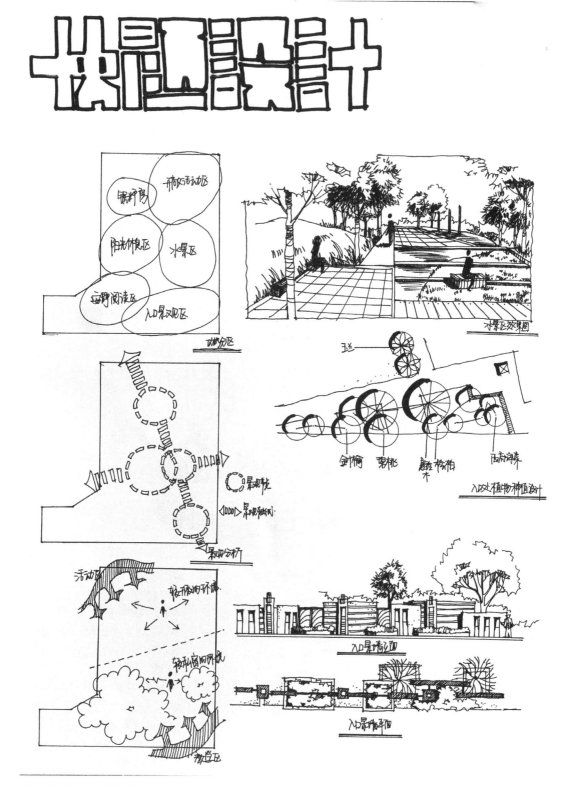

图 3-121　方案设计图二

方案 9：作者王黎明（图 3-122、图 3-123）

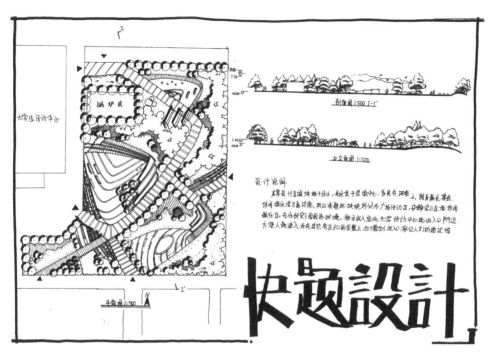

图 3-122 方案设计图一

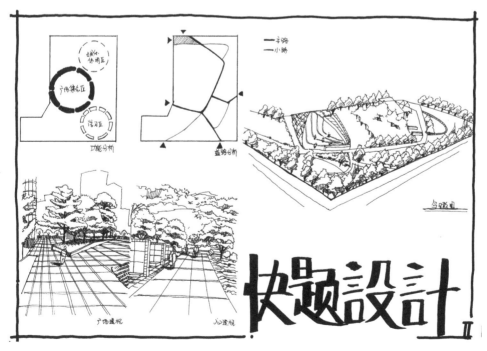

图 3-123 方案设计图二

评析：

本方案设计图纸内容齐全、形式感强烈，属于典型的自由式空间布局方案。作者通过运用大量的折线形将场地划分成大小各异、开合变化的区域，并在其中布置出满足场地活动需求的各项功能，行进路线曲折多变，在一定程度上体现出了移步景异的观景效果。

图纸以单色墨线表现为主，图面工整。

不足之处在于平面图中缺少了必要的文字标注。在满足空间形式和区域划分的同时对不同区域功能需求的差异化处理不够细致，小场地设计手法相对单一。鸟瞰图的表达不够细致。此外还缺少了满足锅炉房工作通勤使用的独立通道。

3.9　高校庭园绿地设计

3.9.1　任务书

（1）设计题目

某高校庭园绿地设计。设计场地现状平面图如图 3-124 所示，图中打斜线部分为设计场地，总面积约 6360 平方米（包括部分道路铺装），标注尺寸单位为米。设计场地现状地势平坦，土壤中性，土质良好。

（2）设计要求

请根据所给设计场地的环境位置和面积规模，完成方案设计任务，要求具有游憩功能。具体内容包括：场地分析、空间布局、竖向设计、种植设计、主要景观小品设计、道路与铺地设计以及简要的文字说明（文字内容包括设计场地概况、总体设计构思、布局特点、景观特色、主要材料应用等）。设计场地所处的城市或地区大环境由考生自定（假设），并在文字说明中加以交代。设计表现方法不限。

（3）图纸要求与内容

图纸要求：请使用绘图纸。

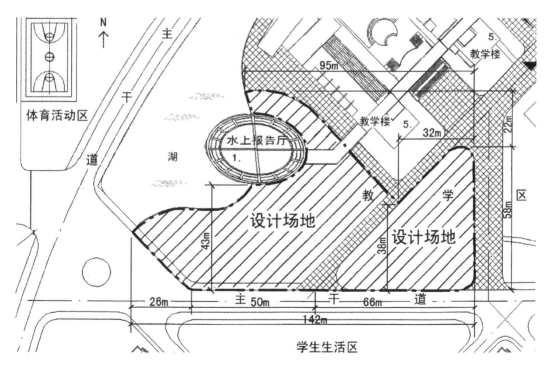

图 3-124　场地现状平面图

图纸内容：平面图（标注主要景观小品、植物、场地等名称）、主要立面与剖面图、整体鸟瞰图或局部主要景观空间透视效果图。

3.9.2　设计案例

方案 1：作者李彬（图 3-125）

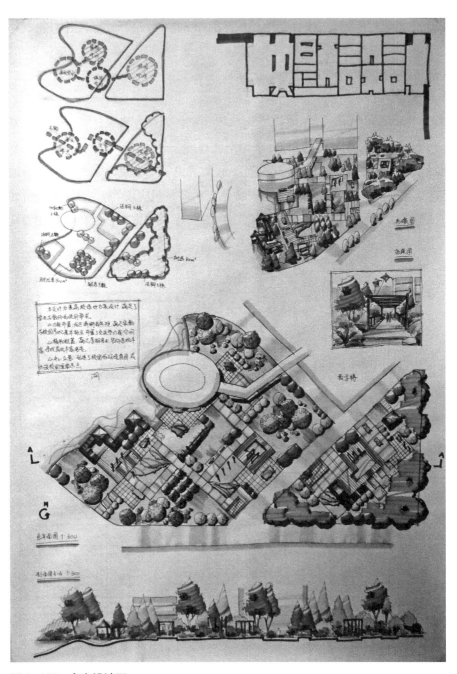

图 3-125　方案设计图

评析：

本方案图纸内容齐全，对场地现状及任务书要求理解准确，空间利用合理，结构清晰，较好地满足了高校庭园的功能需求。方案采用了几何式的空间布局形式，适当改造了驳岸形式，增加了亲水平台、滨水亭廊的设计，丰富了滨水活动，有效利用了场地的现状有利条件。在保持场地内部东西两园的基础上采用直线型空间划分手法，将场地划分成形式各异、大小多变的功能空间，结合水景的点缀形成了景观内容较为丰富的园林景观。东西两园虽被贯穿园内的主路所分隔，但从空间划分形式、材质应用及植物种植方面均保持了较好的一致性，两园隔而不断。园内景观小品内容丰富、形式多样，符合高校景观的需求。交通便捷，较好地满足了场地周边人群的游赏和通行的需求。方案整体感良好，与周边环境协调，较好地完成了高校庭园景观设计的要求。

图纸以马克笔表现为主，技法娴熟、刻画细致、细节表达清晰、色彩搭配协调、整体效果突出。

不足之处在于水上报告厅周边的场地设计略显保守，在一定程度上不利于人流的集聚和疏散。此外，场地内多以通行空间设计为主，休息设施设计不足。

方案2：作者王婉晴（图3-126、图3-127）

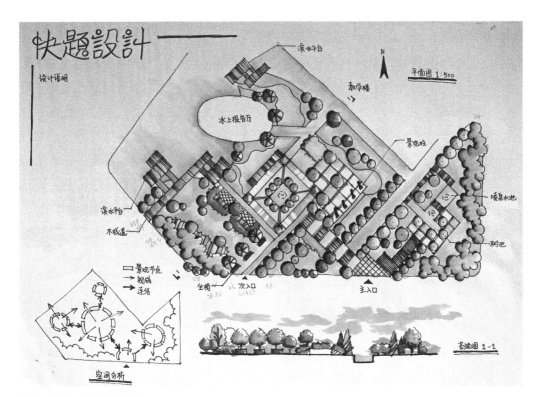

图3-126　方案设计图一

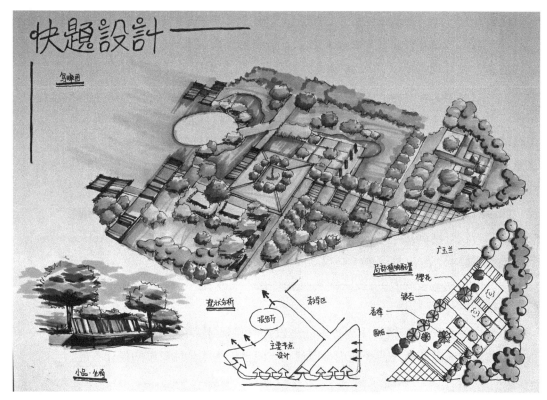

图 3-127　方案设计图二

评析：

本方案设计图纸内容齐全、结构清晰明确、功能合理、主次分明。方案采用了几何式空间划分与自然水体形态相结合的设计手法，作者对原有驳岸进行了大胆的改造，将原本简单、单一的驳岸形式变得更加丰富，通过结合多层次的亲水平台打造出更为理想的滨水景观带。同时，通过将水岸打开的方式将湖水引入园内，使园内外产生了有趣的联系，丰富了园内的景观元素，使水上报告厅更加醒目，成为名副其实的水上建筑。园内其他空间造景手法简洁，以广场、道路、喷泉水景和植物景观为主，空间开合变化丰富，植物种植形式多变。通过一条园路将东西两园联系为一个整体。方案整体感良好，与周边环境协调，较好地完成了高校庭园景观设计的要求。

图纸以马克笔表现为主，用色丰富、整体效果艳丽明快。

不足之处在于水岸打开的手法虽大胆而新颖，但也利弊共存，基址原本已具有临水借景的天然条件，引水入园的必要性尚待推敲。大面积水景的引入一方面使原本用地紧张的庭院空间进一步缩减，一定程度上减少了园内活动空间的面积。另一方面该作法使报告厅孤立于面积狭小的浮岛上，仅有一条小路通向建筑，对于人流的汇聚和疏导极为不利。

方案 3: 作者徐英友（图 3-128、图 3-129）

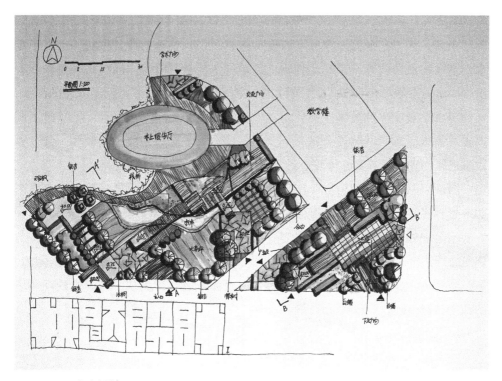

图 3-128 方案设计图一

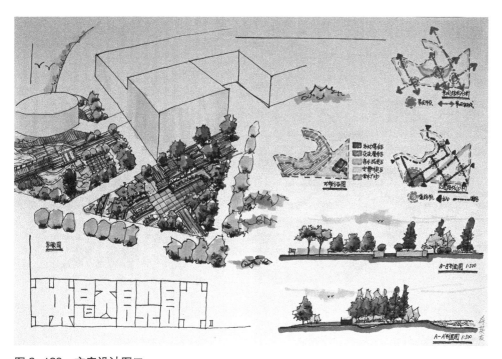

图 3-129 方案设计图二

评析：

本方案设计图纸内容齐全，结构清晰、布局简练，场地开放性较强。方案将自然式和几何式结合进行空间布局，东园工整简洁，西侧滨水园形态相对自然、内容丰富。作者在保留原有驳岸线型的基础上引入栈桥的设计手法，丰富了观水、亲水的活动内容，较好地利用了场地临水的特有优势。同时将栈桥和水上报告厅出入广场结合，增加了报告厅出入空间的人流承载力，方便了人流的疏解，又使滨水景观带更加整体连贯。植物种植设计简洁有序，一定程度上满足了园内景观需求。东西两园虽疏密有别，但基本造景手法、划分手法较为一致，整体感还较为理想。方案整体较好地完成了任务书要求的设计内容。

图纸以马克笔表现为主，用色简练、笔法灵活、整体效果较好。但鸟瞰图的取景有些避重就轻，未能全面地展示出园内的全貌，略显遗憾。

不足之处在于水上报告厅东侧外围的广场空间边缘形态处理有些随意，与建筑及周边环境未能产生联系，显得有些孤立生硬。此外，作者将水景引入园内，虽一定程度上丰富了园内的景观内容，但水体形态缺乏美观，与周边景观环境的结合略显生硬。

方案4：作者李晓娇（图3-130~图3-132）

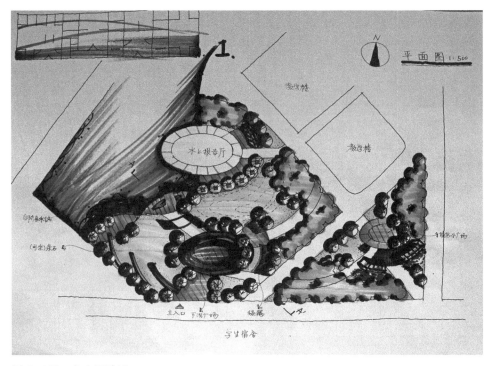

图3-130　方案设计图一

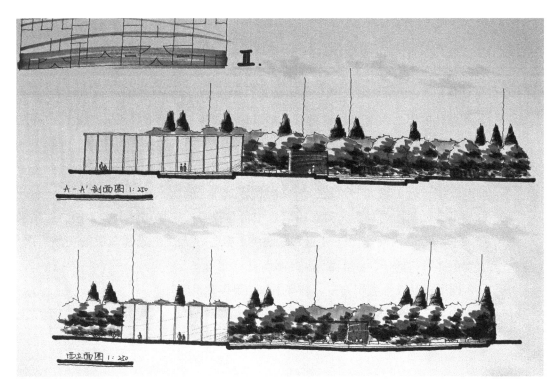

图 3-131　方案设计图二

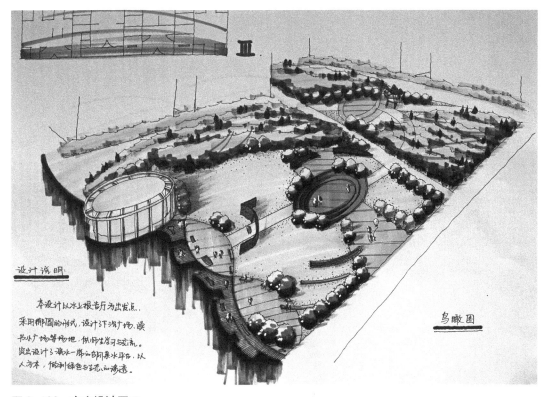

图 3-132　方案设计图三

评析：

本方案设计图纸内容齐全，结构清晰、布局合理。方案采用了较为自然的布局形式，作者以水上报告厅的形态为基本造型手法，从空间划分、造景形式到地形处理均与报告厅在形式上有呼应，手法灵活而统一，使方案整体感强烈。方案通过贯穿东西两园的弧线形主路串联起园内的主要景观节点，东园以椭圆形的读书广场为核心结合木平台、廊架营造出相对静谧的园林氛围，西园以下沉广场为中心配合大面积的疏林草地形成发散式的景观空间，滨水一线作者对原有驳岸进行了较大的改造，形成形式感强烈、层次丰富的滨水景观带，有效利用了临近湖面的场地优势。将滨水平台与报告厅广场相结合的手法，使滨水一线景观带形式统一，同时能更好地满足报告厅人流汇聚和疏散的功能需求。方案整体简洁统一，较好地完成了设计任务要求。

图纸以马克笔表现为主，刻画细致、整体效果较好。

不足之处在于场地内部空间构成略显简单，致使游园活动单一，一定程度上影响了游园的趣味性和不同游园人群的功能需求。

方案5：作者张跃（图3-133、图3-134）

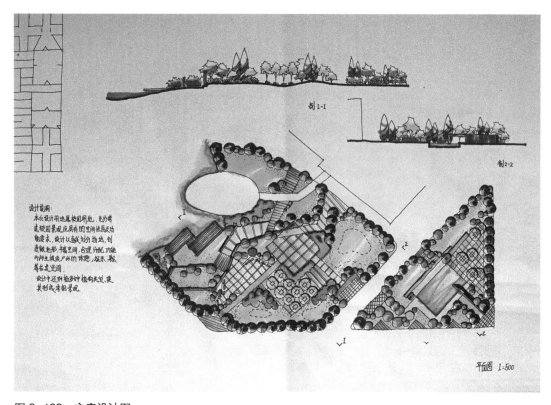

图3-133 方案设计图一

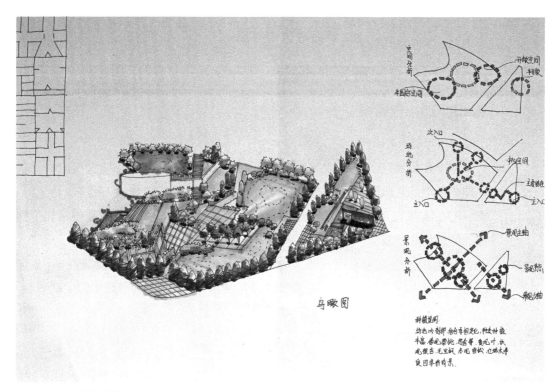

图3-134　方案设计图二

评析：

本方案设计图纸内容齐全、空间利用合理、布局简洁。方案采用了几何式空间划分手法，东西两园对比明显，东园处理的工整而简洁，西园空间形态变化丰富，两园保持了良好的整体感。东园以几何形水景为中心，打造了相对平静的景观环境。西园则在入口空间通过地形处理使入口的观景视线相对郁闭，有效起到了藏景的作用，进入园中则视线忽然开朗，园景、湖景扑面而来，欲扬先抑的造景手法应用恰当。进入园内先是一组形式各异的连续广场空间，较好地满足了游憩、交流等功能需求。滨水空间的空间形态则更为跳跃，加之对驳岸的改造和亲水平台的设置，使滨水景观形式多样、内容丰富。方案整体感良好，较好地完成了设计任务要求。

图纸以马克笔表现为主，绘制认真、色彩搭配协调、整体效果较好。但图面排版尚需改进，版面略显松散。

不足之处在于报告厅周边以大面积的植物景观围合，不利于人流的汇聚和疏散。此外，交通规划不够细致，尤其是滨水空间，由亲水平台进入园内空间的交通未做设计，致使亲水平台显得孤立于周边景观环境。

3.10 校园景观环境设计

3.10.1 任务书

（1）项目介绍

位于江南地区的某林业类高校需要对学校的中心区景观环境进行改造，基地地势平坦，基地情况见（图3-135）所示。此改造要求实现以下要求：

①在A区设计要充分体现该校园的人文景观特征，并合理安排梁希先生铜像，体现林业校园应具有的文化氛围。

②在B区地块和C区地块为师生提供良好户外休闲活动和交流空间；B区以自然式布局方式为主，C区配合浅水区的要求，营造出小桥、流水的生动景观。

③中心区景观、各分区应有空间特色。

（注：停车场地不用考虑）

（2）规划设计要求

①A区绿地率不少于25%，B区、C区绿地率不少于50%。

②充分体现校园文化，满足高校师生休憩、交流的需求。

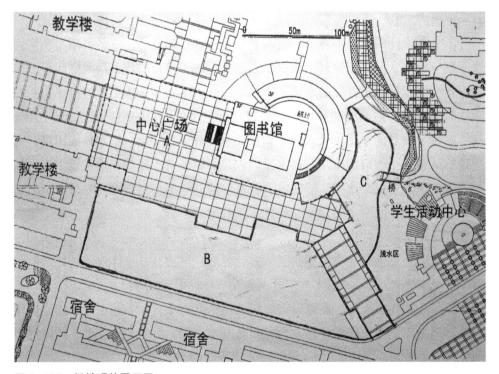

图3-135 场地现状平面图

③营造舒适、美观的环境氛围。

④其他规划设计条件（建筑、小品、座椅等）自定。

（3）图纸内容要求

①中心区景观功能分区分析示意、交通组织分析示意及景观视线分析示意，并结合文字表述各分区应有的空间定位、特色及种植设想，文字不得少于200个字符。

②完成 A 区或 B 区的平面设计，比例自定。

③完成 A 区或 B 区的整体效果图一个不小于 A3 图纸尺寸。

④完成 C 区临水部分的局部效果图（含桥景观）1 个，尺寸不小于 A3 图纸。

⑤完成 C 区驳岸设计 1 个，比例自定。

（4）图纸要求

A2 图纸（透明纸无效），张数不限，表现手法不限。

（5）时间要求

6 小时

3.10.2　设计案例

方案 1：作者成超男（图 3-136）

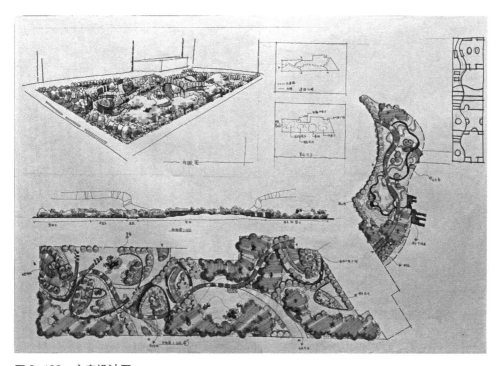

图 3-136　方案设计图

评析：

本方案选择了基址中 B、C 两个地块进行景观环境规划设计，方案采用了自然式布局形式。B 区以椭圆形为基本设计元素对地块进行空间划分，形成了大小各异、形式变化的功能空间。在 C 区地块的空间布局则更为自然，以水景为核心打造主要景观环境，配合假山、滨水步道、浅水区驳岸形成了内容丰富的游赏环节。B、C 两地块空间通过自然蜿蜒的飘带式主路串联场地内的各个功能空间，使分隔开的两个地块产生了良好的延续感。设计各地块特色鲜明，为师生提供了良好的户外休闲活动和交流空间，满足了高校师生休憩、交流的需求，内容丰富，绿化率符合任务书要求。

图纸以马克笔表现为主，技法娴熟、刻画细致、细节表达清晰、色彩搭配协调、整体效果突出。

不足之处在于图纸的完整度不够理想，缺少了必要的文字说明，效果图仅通过鸟瞰图对 B 区景观效果进行了全面的展示而未对 C 区景观进行效果图的表达。

方案 2：作者李晓娇（图 3-137）

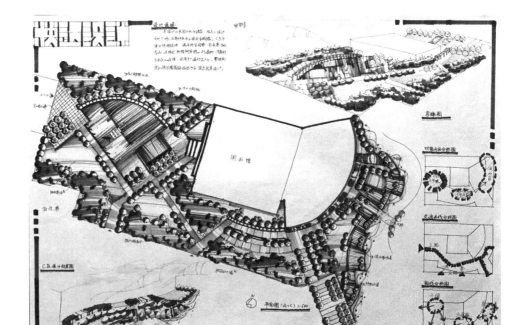

图 3-137　方案设计图

评析：

本方案设计选择了基址中 A、C 两个地块进行景观环境规划设计，图纸内容齐全、空间利用合理、绿化率符合任务书要求。方案采用了几何式空间划分的手法，整体感把控能力较强，与图书馆主体建筑在形式上有着良好的呼应。A区通过直线型和曲线型相结合的手法对场地空间进行功能划分，满足了该区域活动、集散、休闲、观赏、雕塑展示等功能需求，C区则相对自然，采用了自由曲线的划分形式，通过滨水步道的设计很好地满足了亲水、观景等浅水区的活动设计。作者通过空间形态的延续结合竖向设计及植物种植，在不影响交通通行的情况下将原本分隔的两个地块有机结合为一个整体，体现出设计人在方案整体把控能力方面的扎实基本功。

图纸以马克笔表现为主，技法娴熟、绘制认真、色彩搭配协调、亮丽，整体效果强烈。

不足之处在于A区作为该区域以广场活动为主要内容的功能空间，方案中的集散空间面积略显不足，快速通行的设计不够充分。同时，方案围绕雕塑打造了形式新颖的水景，但在雕塑与图书馆的轴线关系处理方面则未作必要的考虑与设计。

方案 3：作者秦婧（图 3-138）

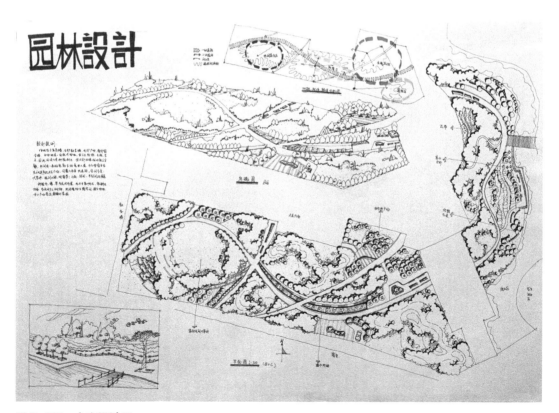

图 3-138　方案设计图

评析：

本方案选择了基址中 B、C 两个地块进行景观环境规划设计，方案采用了自然式布局形式。B 区以弧线形为基本设计元素对地块进行空间划分，形成了疏林草地、密林景观、树阵广场等景观区域，同时结合地形处理，使原本平坦的场地出现了竖向变化，场地开合有度，视线开合多变。在 C 区地块的空间布局则更为自然，以植物景观为主结合滨水步道形成了植物景观观赏和滨水活动两个主要的景观带。B、C 两地块空间之间通过自然蜿蜒的主路串联场地内的各个功能空间，使分隔开的两个地块产生了良好的延续感。各地块设计特色鲜明，为师生提供了良好的户外休闲活动和交流空间，满足了高校师生休憩、交流的需求，内容丰富，绿化率符合任务书要求。

图纸以单色墨线表现为主，绘制细致、表达具体、整体效果较好。

不足之处在于方案设计力求以自然景观表达为主，较好地体现出自然天成的景观效果，但能够满足游园活动的场地面积略显不足。此外缺少了任务书中对 C 区驳岸进行单独设计的内容。

方案 4：作者胡凯富（图 3-139）

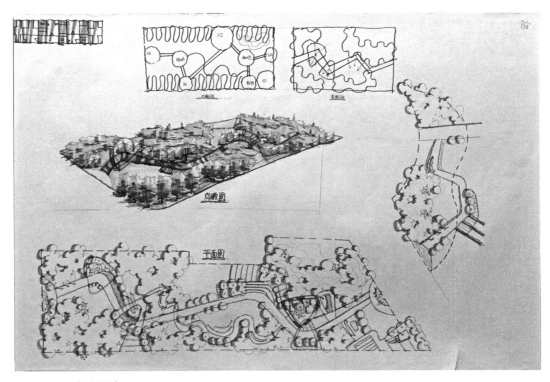

图 3-139　方案设计图

评析：

本方案选择了基址中 B、C 两个地块进行景观环境规划设计，方案采用了自然式布局形式。B 区以自由曲线形主路串联起形式各异的功能空间，配合穿插其间的游步道、台阶空间等造景元素形成了结构清晰、布局简洁的自然式格局，功能丰富。在 C 区地块的空间布局则更为自然、简洁，以植物景观观赏为主，通过设置穿插于水陆间的主路既满足了通行、观景的需求，又与浅水区产生了有趣的景观联系。B、C 两地块空间特色鲜明、对比强烈，但在主路的串联下，两块场地产生了良好的延续感，形成了隔而不断、疏密结合的整体效果。各地块设计特色鲜明，为师生提供了良好的户外休闲活动和交流空间，满足了高校师生休憩、交流的需求，内容丰富，绿化率符合任务书要求。

图纸以马克笔表现为主，技法娴熟，表现形式较为个性化，平面图仅以单色对阴影进行表达，使场地内的各个内容及功能区分化明确，整体效果较好。

不足之处在于图纸的完整度不够理想，缺少了必要的文字说明，效果图仅通过鸟瞰图对 B 区景观效果进行了全面的展示而未对 C 区景观进行效果图的表达。此外，缺少了任务书中对 C 区驳岸、桥涵等内容的表达。

方案 5：作者武姜行（图 3-140）

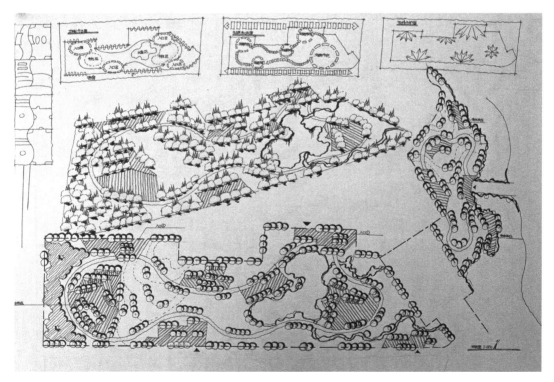

图 3-140　方案设计图

评析：

本方案选择了基址中 B、C 两个地块进行景观环境规划设计，方案采用了自然式结合几何形的布局形式。B 区以环形主路串联场地内的各功能空间，交通通行便捷，植物景观、地形处理及水景形式自然，活动区域则采用了不同几何形态的场地设计，自然景观与人工景观形式对比强烈。在 C 区地块采用了相似的处理手法，以环路串联几何形的活动场地，形成了游园和观水两个景观体系。B、C 两地块造景手法一致，形式感连贯，使两块场地间产生了良好的延续感，形成了隔而不断的整体效果。该设计为师生提供了良好的户外休闲活动和交流空间，满足了高校师生休憩、交流的需求，内容丰富，绿化率符合任务书要求。

图纸以单色墨线表现为主，绘制认真、整体效果较好。

不足之处在于两个地块的特色不够鲜明，处理手法过于一致，没有形成各自特有的景观风貌。几何形的活动场地与周边景观环境的结合略显生硬，地形处理尚需推敲，尤其在地块边缘地带的等高线处理稍显随意。此外，图纸的完整度不够理想，缺少了必要的文字说明、驳岸设计、桥的设计表达。

方案 6：作者邓佳馨（图 3-141）

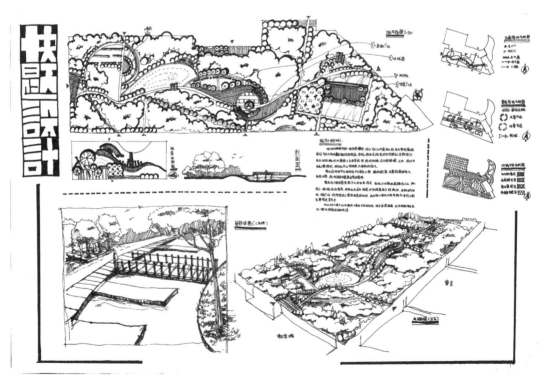

图 3-141　方案设计图

评析：

本方案选择了基址中 B 地块进行景观环境规划设计，图纸内容齐全，形式感强烈。方案采用了自然式的布局形式，通过贯穿场地东西向的自由曲线形园路将场地划分成南北两大区域，北部区域以活动空间为主，南部空间以植物景观带为主。通过不同的弧线形组合，既有效地划分出场地内的各个功能空间，又使场地在南北两个方向间的延展产生了联系，在场地中心地带汇聚成为场地的核心点，使场地内部产生了良好的延续感，形成了隔而不断的整体效果。C 区驳岸设计形式丰富多变，较好地满足了滨水活动的需求。该设计为师生提供了良好的户外休闲活动和交流空间，满足了高校师生休憩、交流的需求，内容丰富，绿化率符合任务书要求。

图纸以单色墨线表现为主，绘制认真、图面疏密变化有致、细节表达清晰、整体效果较好。

不足之处在于场地内弧线形的应用可以更大胆、更充分，突出这一手法的特色，目前的处理稍显不足。此外，方案仅对 B 区地块进行了完整的设计，未对 C 地块进行完整的平面设计，略显遗憾。

方案 7：作者王婉晴（图 3-142）

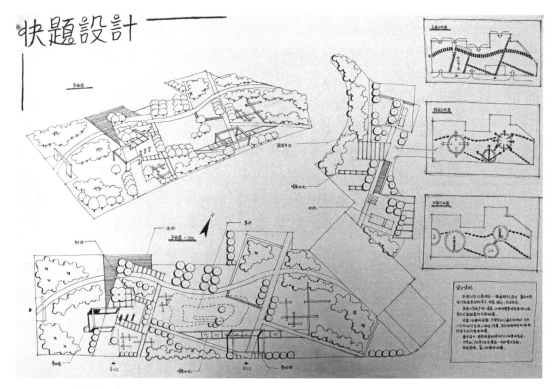

图 3-142　方案设计图

评析：

本方案选择了基址中B、C两个地块进行景观环境规划设计，空间布局清晰、简洁。方案采用了几何形的布局形式，通过大量直线形的运用在两块场地内划分出不同功能空间，从空间划分形式到景观小品、驳岸设计手法一致，较好地满足了场地内的活动需求。B、C两地块造景手法一致，形式感连贯，使两块场地间产生了良好的延续感，形成了隔而不断的整体效果。该设计为师生提供了良好的户外休闲活动和交流空间，满足了高校师生休憩、交流的需求，内容丰富，绿化率符合任务书要求。

图纸以单色墨线表现为主，绘制认真、整体效果较好。

不足之处在于两个地块的特色不够鲜明，处理手法过于一致，没有形成各自特有的景观风貌。同时，大量几何形式应用虽使方案呈现出一定的特色化风格，但与任务书中B、C两地块以自然式布局为主的要求有所出入，没能很好的分析理解任务的设计要求。此外，图纸中缺少对C区桥的设计表达。

方案8：作者吴莉雯（图3-143）

评析：

本方案选择了基址中B地块进行景观环境规划设计。方案采用了自然式的布局形式，通过贯穿场地的蜿蜒曲折园路组织空间布局，结合以圆形为主要形式的活动场地较好地满足了场地内的各项活动需求。该设计较好地为师生提供了户外休闲活动和交流空间，基本满足了高校师生休憩、交流的需求，绿化率符合任务书要求。

图纸以单色墨线表现为主，绘制认真、整体效果较好。

不足之处在于方案采用了近似居住区游园的设计形式，对高校园林景观特点的表达不够明确。场地比邻图书馆和宿舍区，人流较大，但方案在场地出入口的设置方面较为随意，未能充分的考虑人流问题。同时，场地内的地形处理较为随意，未能充分考虑与周边环境的结合。此外，方案仅对B区地块进行了完整的设计，未对C地块进行设计，缺少了浅水区驳岸、桥等内容的表达，略显遗憾。

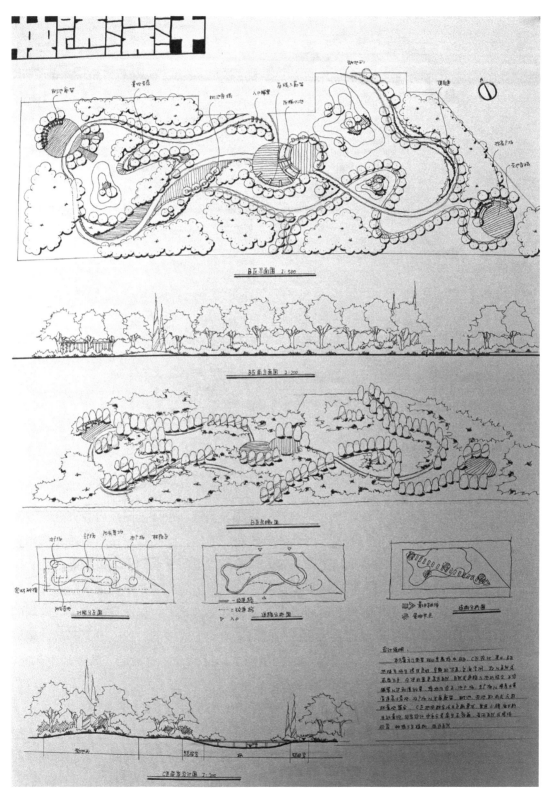

图 3-143　方案设计图

方案9: 作者徐英友（图3-144）

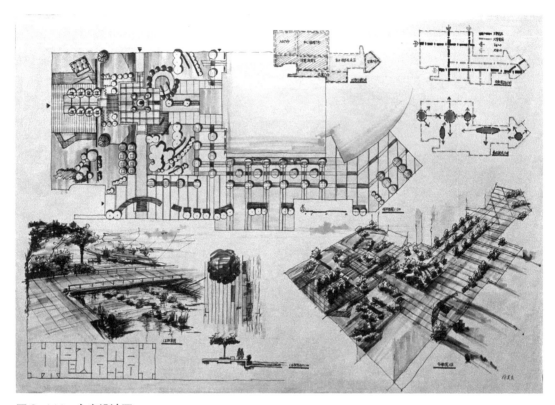

图3-144 方案设计图

评析:

本方案选择了基址中A地块进行景观环境规划设计，图纸内容齐全。方案采用了规则式的布局形式，十分贴合校园广场的空间特点。在广场西北部作者着力设计了由广场西入口至图书馆入口的轴线空间，形成了入口树阵广场、雕塑广场和图书馆出入口广场三个空间，配合周边的疏林草地使轴线空间开合变化丰富，既体现出轴线空间的形式感又较好地满足了人流通行的需求。广场的东南部空间则以硬质铺装为主，与西南部空间形成强烈对比，空间开敞，较好地满足了集会活动、快速通行的功能需求。设计较好地满足了高校师生休憩、交流的需求，绿化率符合任务书要求。

图纸以马克笔表现为主，表现大胆、笔法灵活、整体效果强烈。

不足之处在于方案在西入口至图书馆的轴线处理上进行了充分的设计，但周边绿地内的景观设计稍显细碎，与轴线的景观关系不够明确，未能对轴线起到有效的烘托作用。此外缺少了必要的文字说明，对C区驳岸的设计不够细致，表达不够明确。

3.11　商务外环境设计

3.11.1　任务书

（1）背景介绍

具有优美空间环境、良好生态条件和充分社会服务设施的城市空间不但使土地地块本身价值上升，而且还将带动周围土地潜在价值的提升，吸引潜在投资，增加城市潜在收益。因此，越来越多的城市在加入了 CBD（中央商务中心）的建设浪潮的同时，同样十分关注其内部环境的建设。本题假设我国北方城市正在规划建设一个 CBD，地块内部环境根据发展需求进行合理的建设。

（2）环境条件

本次需进行设计的场地，位于规划 CBD 的核心区域，面积约为 0.65 公顷。该地块的南部区域为购物中心、银行和 IT 商城；北部为大型企业商务办公区和证券交易所、餐饮、酒店等服务设施；西部为会展中心；东部为电影院。四周规划有城市干道，地块内所有建筑均为现代风格。（图 3-145）

（3）设计要求

①创造优美的空间形象，满足人们对于高品质环境的需求。

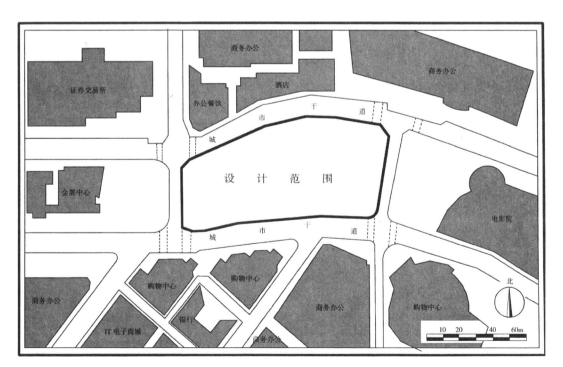

图 3-145　场地现状平面图

②提供良好的户外休闲、交流空间。

③已规划地下停车场，地面不需设计停车场。

（4）设计成果要求

①平面图：在户外空间总体规划的基础上，完成设计范围内户外景观设计，设计应充分体现商务文化特征，并满足多功能使用要求。图纸比例1：500。

②鸟瞰图：鸟瞰或局部透视2张。

3.11.2 设计案例

方案1：作者王婉晴（图3-146、图3-147）

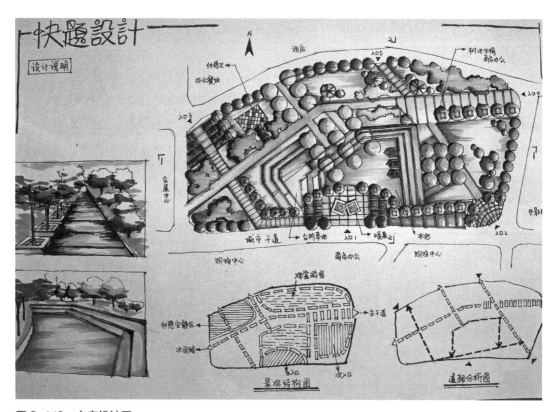

图3-146 方案设计图一

评析：

本方案图纸内容齐全、空间利用合理、结构清晰，较好地满足了商务区外环境的功能需求。方案采用了几何式的空间布局形式，将主入口设置在了场地南部，其他三个方向配置了多个出入空间，主次分明，尺度适宜，较好地满足了周边各个方向人流进出园区的需求，内部交通组织合理，具有较强的开放性，体现出作者对场地属性和现状的良好把控力。场地内部空间以水景为核心，通

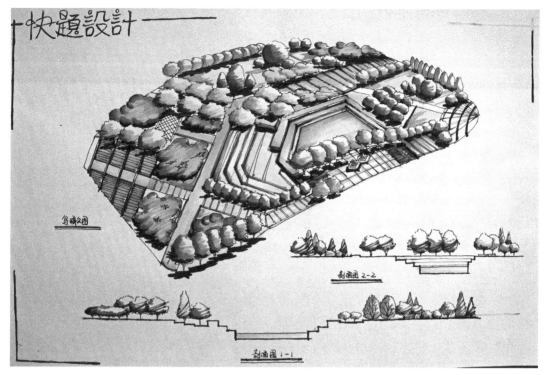

图 3-147　方案设计图二

过水景与广场结合的形式打造了较为醒目的主入口空间景观。几何式的空间划分形式，将场地规划出大小各异、形态多变的空间，南侧至中心区域以开敞式的人工景观为主，造景手法丰富、新颖，具有较强景观展示、人流汇聚的空间功能，东北西三个区域以自然景观为主，并形成了较为静谧的休息区域，即提升了场地的绿化率，增强了场地的生态效益，又为交流提供了相对静谧环境。方案较好地满足了形象展示、户外活动、交际交流的功能需求。

图纸以马克笔表现为主，技法娴熟、刻画细致、细节表达清晰、色彩搭配协调、整体效果突出。

不足之处在于作为商务核心区的景观空间，其特色化、标志性的景观打造不够，方案整体相对平淡，对打造高品质、标志性的商务区景观表达不够充分。

方案 2：作者邓佳馨（图 3-148、图 3-149）

评析：

本方案设计图纸内容齐全，结构清晰明确、功能合理、主次分明，重点突出。方案在场地边缘地带以高大的乔木林带围合场地，隔离了周边主干道对场地内的干扰，为内部空间提供了相对安静的园林氛围。场地内部空间处理较为开敞、大气，东部景观尺度较大，结合造型园路和景观桥梁构成了园内的标志性景观，

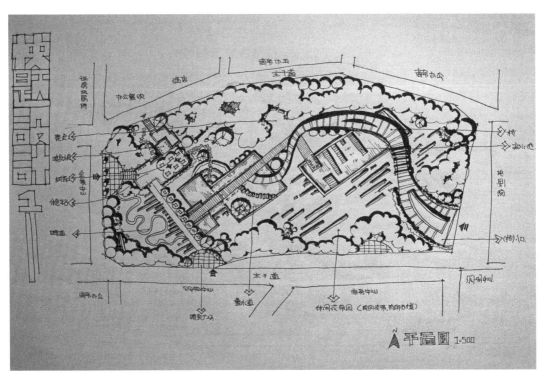

图 3-148　方案设计图一

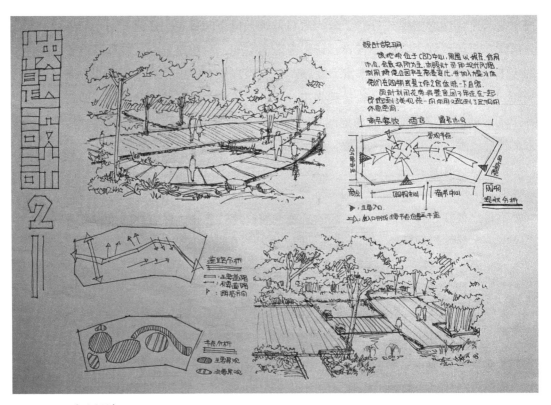

图 3-149　方案设计图二

西部景观尺度较小，私密性较强，环绕水景形成了连续的观景和活动场地，东西对比强烈，疏密有致。方案整体感良好，造景手法新颖、大胆，在满足功能需求的同时体现出一定商务区现代化、高端、高品质的景观特色。

图纸以单色墨线表现为主，技法娴熟、刻画认真、细节表达清晰、整体效果良好。

不足之处在于场地内满足基本通行、停留、观景的空间设置丰富，但用于休息、交流的空间设置不足。此外交通流线单一，不利于人流的疏导，这与周边人流较大的现状条件有些出入。

方案 3：作者成超男（图 3-150、图 3-151）

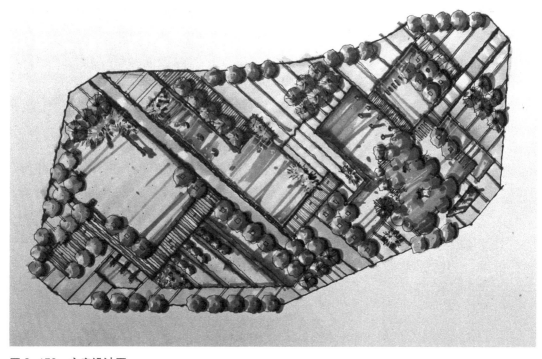

图 3-150　方案设计图一

评析：

本方案设计空间利用合理、结构清晰、特色鲜明，场地开放性极强，具有明显的广场特质，能够很好的满足形象展示、户外休闲、交际交流、休憩观景等各项功能需求。方案采用了直线型几何式的空间划分形式，这一布局形式不仅使方案的现代感十足，同时为场地提供了良好的交通系统，在人流承载、疏散、快速通行等方面表现出众。作者以极为简洁有力的造景手法打造了核心区

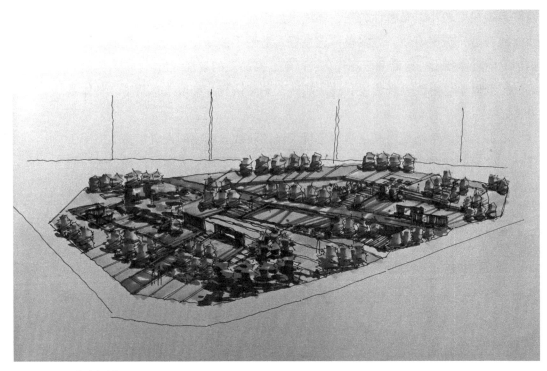

图 3-151　方案设计图二

的景观带，形成了植物景观与水景相互穿插的开放式景观结构，配合形式多样、造型丰富的景观小品，打造出较具视觉冲击力的景观空间。植物种植设计仔细、种植形式多变、种类表达清晰、准确，较好地满足了不同功能空间的造景需求。

图纸以马克笔表现为主，技法娴熟、刻画认真、用色干净简洁、搭配协调、细节表达清晰、疏密把控良好、整体效果突出。

不足之处在于用于休息的场地及设施设置略显不足，一定程度上缺少了空间的开合变化。

方案 4：作者卢薪升（图 3-152、图 3-153）

评析：

本方案设计空间利用合理，结构清晰、形式感较强，具有一定区域标志性景观特质。方案采用了几何形的布局形式，出入空间设置丰富、主次分明，交通流线规划合理，很好地满足了人流承载、疏解、穿行的需求。方案在东、西、南三个方向设置了高大的乔木林带，一方面对场地起到了良好的包围效果，隔离了外界不利的影响因素，另一方面为北部较为开敞的景观空间形成了较好的植物景观背景，烘托出中心区域的核心位置。中心区域以缓坡地形空间为核心形成了东西两大区域，东部区域空间较为郁闭，空间尺度较小，形成了良好的

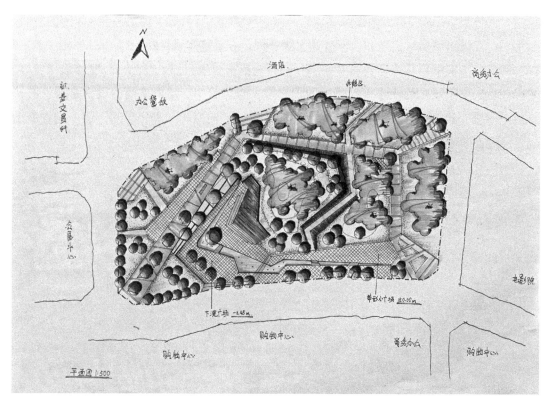

图 3-152　方案设计图一

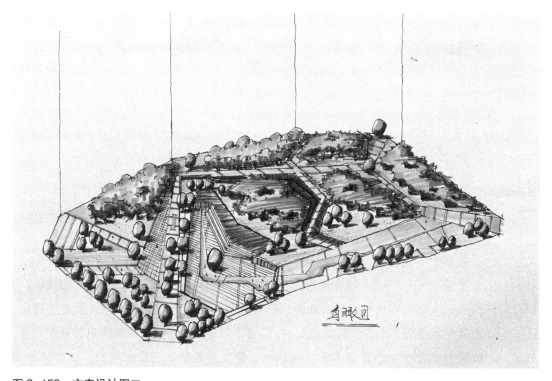

图 3-153　方案设计图二

休息、交流空间,西部区域较为开敞,尺度较大,形成了满足集会、休闲的空间。东西区域虽对比强烈,但造景手法一致,方案整体感良好。

图纸以马克笔表现为主,刻画细致、疏密有致、色彩搭配协调、整体效果较好。

不足之处在于设计场地面积有限,较为狭小,地形空间的设计必要性有待进一步推敲,地形空间虽能丰富场地内的竖向变化、围合空间,但一定程度上会使本已狭小的空间更加拥堵。

方案5:作者钱笑天(图3-154、图3-155)

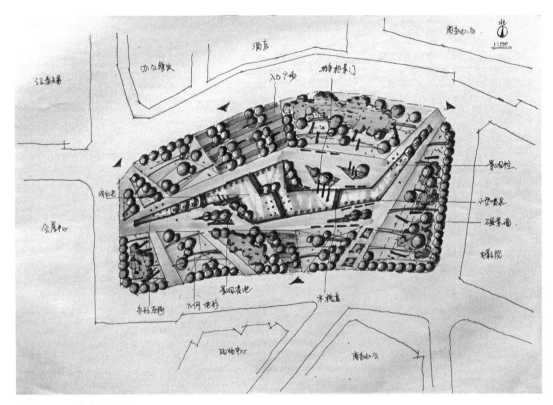

图3-154　方案设计图一

评析:

本方案设计空间利用合理、布局简洁、形式新颖、具有典型的广场特质。方案采用了几何式空间布局形式,形成北、中、南三条景观带,核心为场地中央的闪电型造型水景,形式新颖,形态醒目,较好地起到了标志性景观的作用。水景空间设置了内容丰富的亲水平台、景门、景观柱、喷泉、种植池等景观元素,极大地丰富了中心景观内容。南北两条景观带处理手法简洁有力,以植物景观为主,大面积的草坪配合形式多样的植物种植形成了两条绿色景观带,与中心

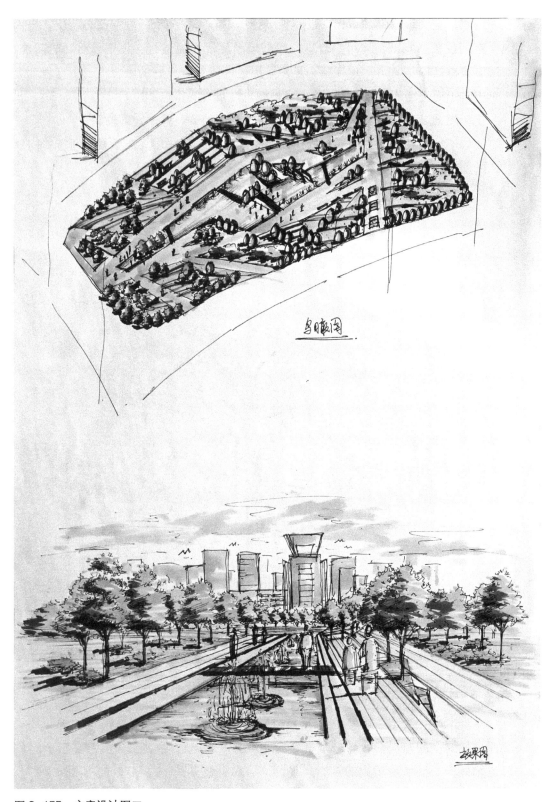

鸟瞰图

效果图

图 3-155 方案设计图二

的水景空间形成强烈对比，进一步烘托出中心水景的活跃度与核心地位。出入空间位置适宜，交通组织合理，较好地满足了人流通行、集聚与活动的需求。方案整体简洁有力，现代感十足，与周边环境有着较好的融合度，一定程度上提升了周边场地环境氛围，具有区域标志性景观的特点。

图纸以马克笔表现为主，用色简练、搭配协调、整体效果较好。

不足之处在于方案在较好地解决空间形态、形式、人流承载、通行等问题的同时略显忽略场地内人群停留、休息、交流的空间设置。

方案6：作者张唱（图3-156、图3-157）

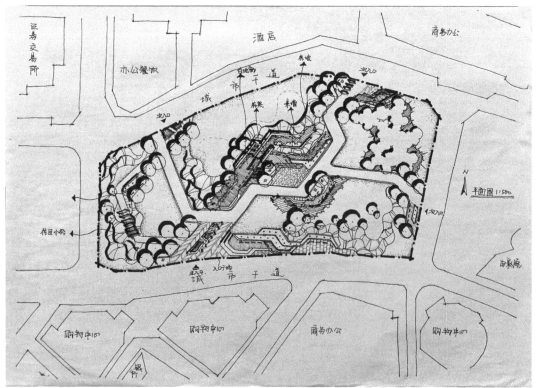

图3-156　方案设计图一

评析：

本方案设计空间利用合理、布局简洁、疏密有致、重点突出。方案采用了自然式空间布局形式，一条贯穿场地南北的斜向轴线控制住了主体空间布局，轴线中心区域为场地的核心景观区，形式组合丰富，内容多样，花坡、廊架、景墙、硬质广场、涌泉水景、台地广场各类景观空间组织协调有序，较好地满足了各类活动的需求，核心区周边场地以大面积的植物景观为主，丛植、林植、

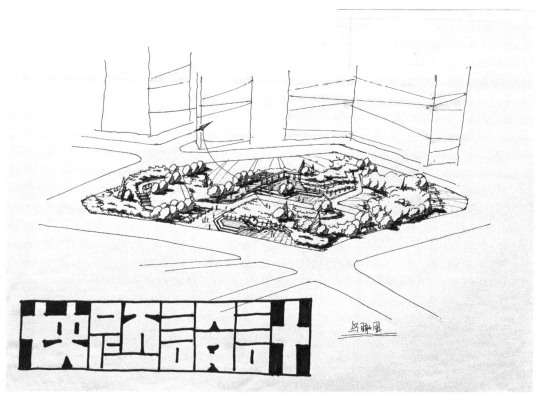

图 3-157　方案设计图二

疏林草地、花带等种植形式应用灵活、恰当，即提升了场地绿化率，又有效烘托了中心景观区，为场地提供了良好的绿色空间。方案在东、南、北三个方向设置了四个出入空间，其中南侧为主出入空间，形式开敞并进行了台地式的景观化处理，成为场地的标志性出入空间，其他三个出入空间设计简洁，以小型集散广场结合园路的形式打造。交通组织顺畅，基本满足了周边人群的通行、游赏、休闲等需求。

图纸以单色墨线表现为主，技法娴熟、绘制认真、刻画细致、细节表达清晰准确、整体效果突出。

不足之处在于本方案整体游园感受较为浓重，设计手法细腻，设计了较多小而精的空间，极具休闲氛围，但却缺少了商业区、经济核心区所应特有的景观气息，视觉冲击力不足。

方案 7：作者李雪飞（图 3-158、图 3-159）

评析：

本方案设计空间利用合理、布局简洁、重点突出。方案采用了几何式空间布局形式，通过斜向直线交叉的方式对场地进行了划分，东、南、西三个区域为植

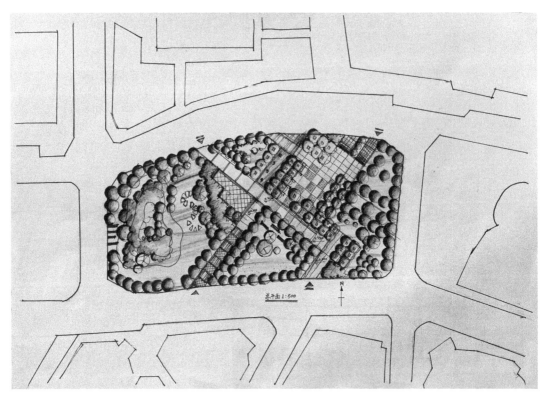

图 3-158　方案设计图一

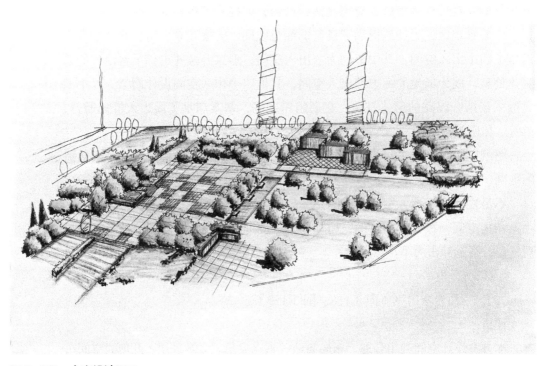

图 3-159　方案设计图二

物景观区，北部中心地带为广场景观区，空间开敞，配合水景和树阵景观较好地满足了休闲、集会、交流的功能需求。园内交通组织清晰，基本满足了通行、集聚的功能要求。植物种植形式简洁，以高大乔木列植为主，整体效果醒目、有力。

图纸以彩色铅笔表现为主，绘制认真、刻画细致、细节表达清晰准确、整体效果较好。但鸟瞰图的表达不够完整，略显遗憾。

不足之处在于场地出入口的设置稍显集中，东西两个区域没有设置相应出入空间，这对东西两侧人流进入场地造成不便，也不利于场地内人流的分散疏解。此外，西侧大面积的地形空间与场地整体环境融合度较低，略显生硬。

方案 8: 作者李晓娇（图 3-160、图 3-161）

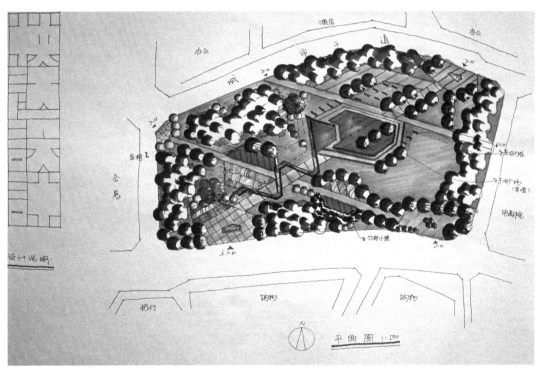

图 3-160　方案设计图一

评析：

本方案设计空间利用合理、布局简洁、重点突出。方案采用了几何式空间布局形式，东西向和南北向三条斜线轴线控制全园布局，东西向轴线为园区主轴线，延轴线设置了一个大型的木铺装广场和色彩醒目的带状景观门，南北辅轴通过广场结合花带的形式打造了大小各异的活动空间。方案整体以植物景观为主，应用了大量的草坪、花带、树林，结合地形和景观小品的设置形成了较为简洁的绿色景观空间。交通组织合理，较好地解决了场地出入、通行等问题。

图纸以马克笔表现为主，绘制认真、色彩搭配协调、整体效果较好。

不足之处在于空间组织手法有些单一，形式稍显呆板。场地内的活动场地功能较为单一，不利于满足周边人群不同功能的需求。

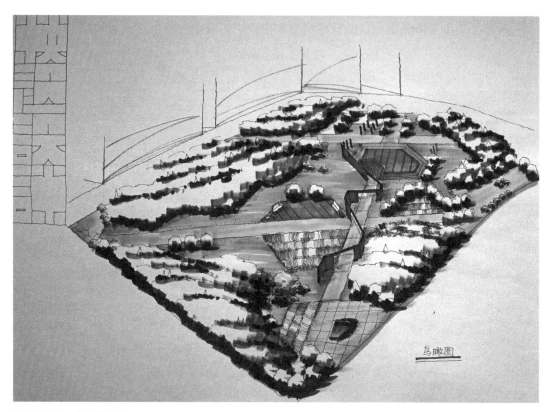

图 3-161 方案设计图二

3.12　民宿庭院景观设计

3.12.1　任务书

（1）项目介绍

项目场地位于莫干山风景旅游区，是一家以民宿为主营业内容的山地度假别墅，建筑内包含五间标准客房。

（2）设计范围

参照（图 3-162）现状平面图，图中院墙内建筑外的全部空间为设计范围，排水沟位置不可调整，现状绿化可根据设计需要自行保留或调整。

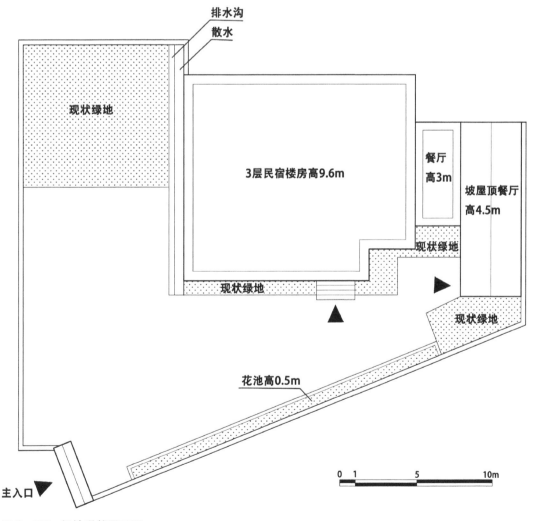

图 3-162　场地现状平面图

（3）园林景观内容

庭院内要满足基本的通行、停留、休息（茶饮为主）、烧烤等基本功能，同时要有一定数量的自行车停车位，具有简单的水景设计。

（4）图纸及时间要求

①平面图 1:100。

②分析图、立面图、剖面图、种植设计图、效果图等。

③明确的植物种植设计及植物列表。

④明确的材料设计及主材料列表。

⑤时间为 6 小时。

3.12.2　设计案例

方案 1：作者李松波（图 3-163）

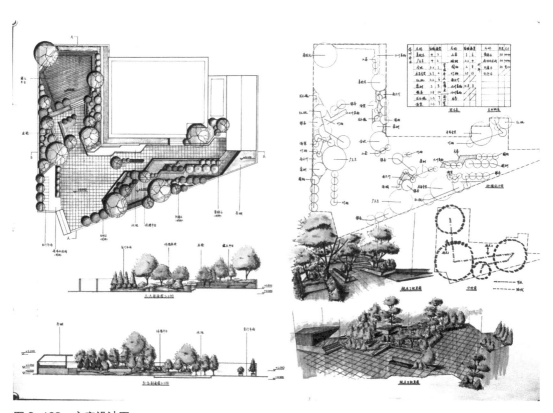

图 3-163　方案设计图

评析：

本方案设计图纸内容齐全、布局合理、满足了民宿庭院景观的功能需求。方案在空间设计方面特色突出，通过将场地外缘地带抬升的方式使面积有限庭院空间产生了较为丰富的竖向变化，丰富了游赏路径的变化，有效地提升了小庭院游赏的趣味性。同时作者巧妙处理了空间开合变化，在满足功能需求的同时增添了空间的趣味性。种植合理，形式丰富。

图纸以马克笔表现为主，用色凝练、对比强烈、整体效果突出。

不足之处在于庭院茶棚的设计在造型、尺度方面的推敲不够细致，空间感受不理想。此外，庭院中的水景如能融入涌泉式的水景元素将更为理想。

方案 2：作者卢薪升（图 3-164 ~图 3-168）

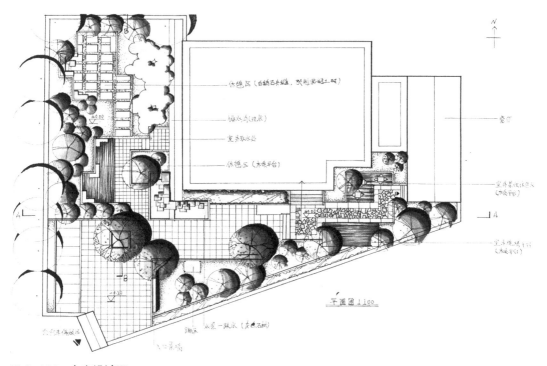

图 3-164　方案设计图一

评析：

本方案设计图纸内容齐全，空间利用合理，布局简洁舒朗。本方案以植物景观为主，通过一定的竖向设计划分出不同的功能区域，很好的满足了民宿庭院的各项功能需求。植物种植设计合理，保留利用了庭院内现有景观效果良好的植物。铺装材料运用丰富，与植物景观有着较好的结合，营造出一定田园景观的意味。将山泉排水渠与跌水景观相结合的手法体现出作者对现状分析的深入性。

图纸以马克笔表现为主，用色简洁、整体效果清新明快、重点突出。

不足之处在于嵌缝式铺装的尺寸推敲不尽理想。此外，鸟瞰图中的尺度把控能力有待提升。

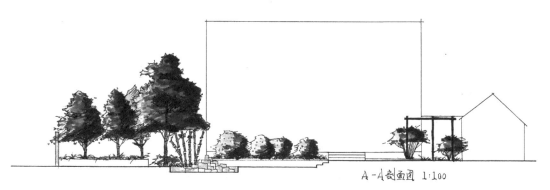

图 3-165　方案设计图二

图 3-166　方案设计图三

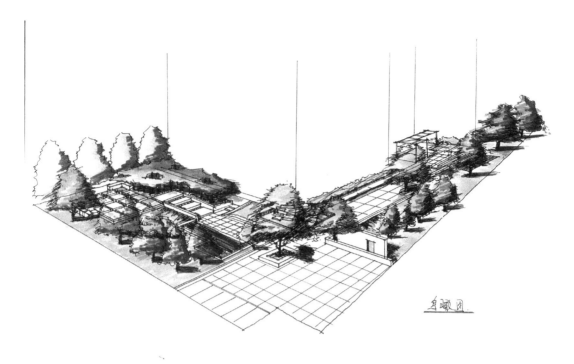

图 3-167　方案设计图四

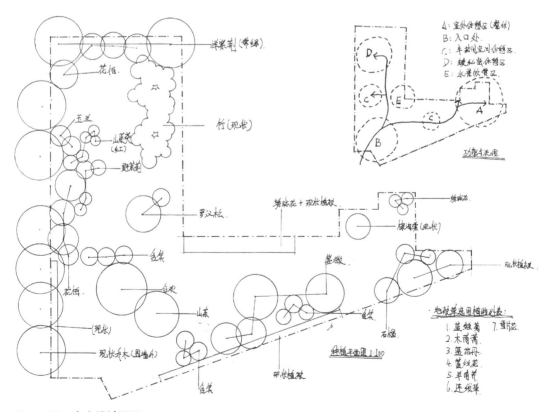

图 3-168　方案设计图五

方案3：作者胡艳晶（图3-169）

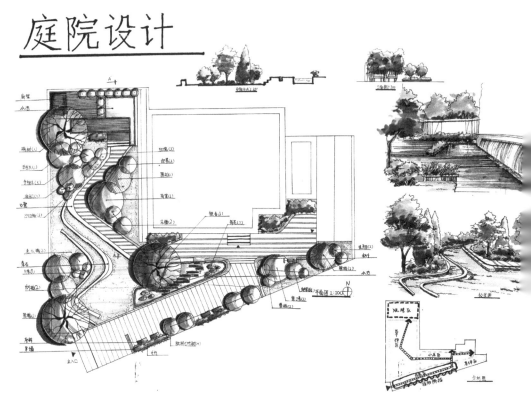

图3-169　方案设计图

评析：

本方案设计空间布局简洁，形式处理手法灵活。方案通过曲线形的空间划分手法，丰富了庭院内游赏路径。方案对景观细部的处理较为用心，曲线型条石、坐凳等造景元素的应用与整体形势有着良好的呼应，既满足了功能需求又丰富了造景手法。

图纸以马克笔表现为主，色彩淡雅、整体效果明快。

不足之处在于缺少了任务书中要求的自行车集中停放区域的设计。入口水景中的汀步略显画蛇添足。

方案 4：作者钱笑天（图 3-170、图 3-171）

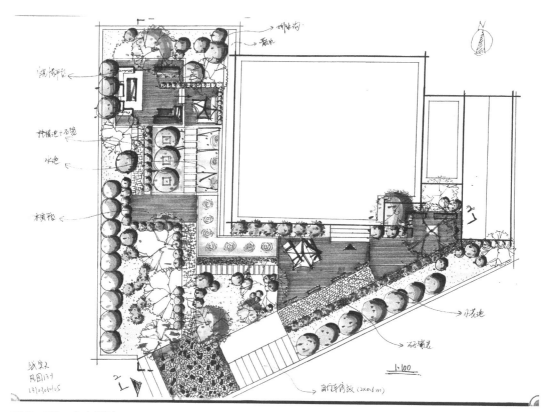

图 3-170　方案设计图一

评析：

本方案设计图纸内容齐全，空间组织清晰。通过直线型的空间布局手法将各功能区域合理布置在场地中，空间开合变化丰富，一定程度上增添了游赏的趣味性。水景设计较为巧妙，做到了动静结合，水中汀步的设计既满足了通行的需求又丰富了水景的体验感。植物种植丰富，为庭园提供了较好的遮阴效果。

图纸以马克笔表现为主，色彩丰富、图面效果强烈。

不足之处在于各区域设计较为平均，重点不够突出。铺装设计稍显杂乱、细碎，对于各类铺装的区域划分形式和边界形式的处理推敲不足。

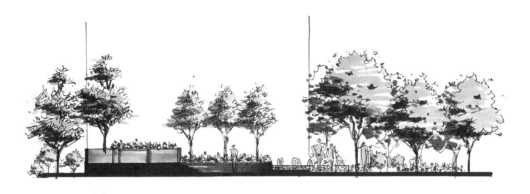

剖面图1-1 1:100

剖面图2-2 1:100

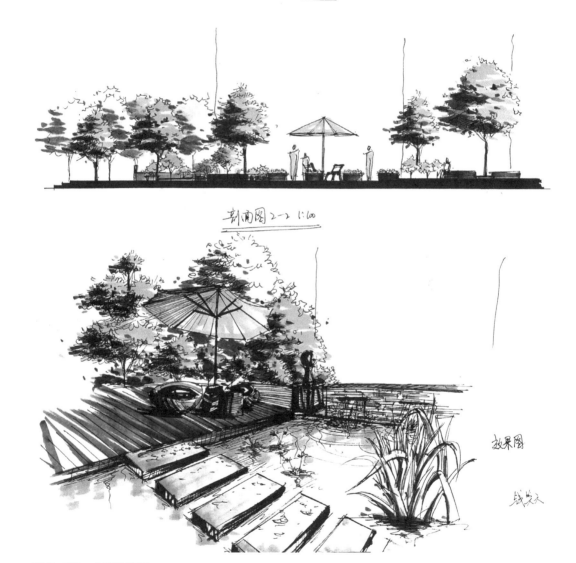

效果图

钱发众

图3-171 方案设计图二

方案 5：作者张唱（图 3-172）

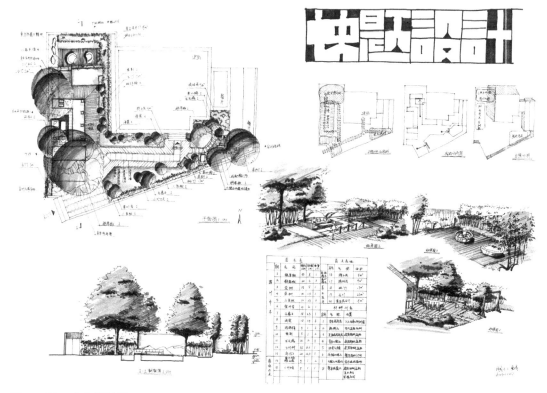

图 3-172 方案设计图

评析：

本方案设计图纸内容齐全，平面布局合理、结构简洁。在空间组织方面，作者沿东西向和南北向两条直线进行功能布局，东西向狭长空间以通行和植物景观为主，南北向狭长空间中进行了较为丰富的景观设置和功能排布，三段式的几何形水景将此区域巧妙的划分成三个不同的功能空间，同时在水景的动、静处理和体验性方面作者有着较好的表达，整体空间布局疏密有致，功能齐全。

图纸以马克笔表现为主，色彩对比强烈、整体效果突出。

不足之处在于空间的开合处理不够理想，使小空间设计容易产生一眼望穿的效果，弱化了庭院游赏的趣味性。

方案6：作者王欣（图 3-173、图 3-174）

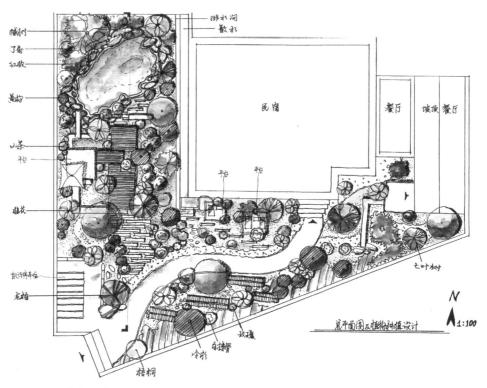

图 3-173　方案设计图一

图 3-174　方案设计图二

评析：

本方案设计图纸内容齐全，特点鲜明，具有一定的日式庭院韵味。方案通过院门至民宿入口的一条主路划分了庭院的南北空间，南侧以观赏性景观设置为主，适当设置了亭廊等休息空间，与民宿形成良好的对景效果。北侧空间以游赏为主，通过不同的铺装变化将人逐渐引导至观景的高潮部分——水景区，丰富了游赏的路径和视点变化，增添了庭院景观的体验感。

图纸以马克笔表现为主，刻画细致、色彩丰富、图面工整。

不足之处在于部分空间的尺度推敲不够严谨，例如南侧景观带中的廊架及建筑南侧的平台尺度不合理。

方案 7：作者葛嘉铭（图 3-175）

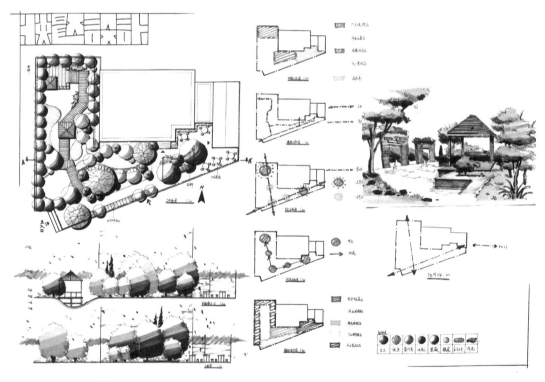

图 3-175　方案设计图

评析：

本方案设计图纸内容齐全、空间布局合理、特色鲜明、具有传统中式庭园的意味。方案将游赏和观景内容集中设计在了建筑西、南两侧庭园空间内，以水景为主，通过穿插其间的亭、台、步道等景观元素营造出具有传统园林特色的庭园景观。

图纸以马克笔表现为主，色彩明亮、笔法硬朗，整体效果强烈。

不足之处在于木栈道的走向与水体驳岸走向的结合还需进一步推敲。此外，东侧的植物种植池形态有待改善，不建议采用尖角形式，在一定程度上降低了空间的利用率和通行的便捷性。

方案 8：作者危夏安妮（图 3-176）

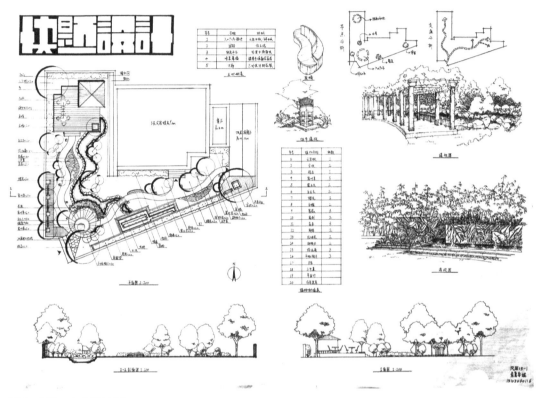

图 3-176　方案设计图

评析：

本方案设计图纸内容齐全，造景手法丰富，空间功能齐全。作者在设计中通过自由曲线型的道路串联起庭园内的各个功能空间，空间结构简洁清晰。方案以入口区的圆形亭廊广场为中心向东、北两个方向展开空间布局，景观细部处理认真并进行了细节景观设计。同时较好的处理了空间的开合关系，营造出具有一定传统庭园意味的园林景观。

图纸以单色墨线表现为主，刻画细致、疏密合理、图面工整。

不足之处在于游赏路径稍显单调，在院门至民宿入口的交通设计中只考虑了人行的需求，忽略了经营性民宿必要的机动车通勤需求。

方案 9：作者赵康迪（图 3-177）

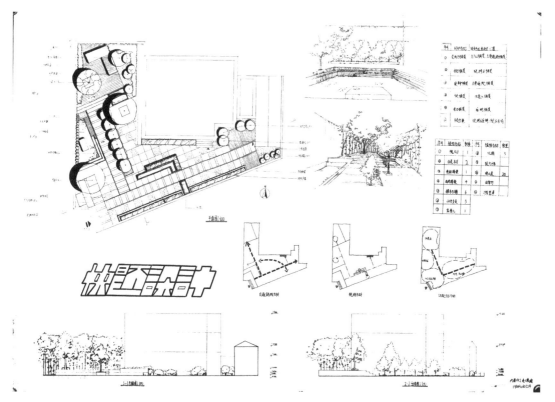

图 3-177 方案设计图

评析：

本方案设计图纸内容齐全，形式感强烈。方案通过双向垂直的直线型手法划分空间，空间布局舒朗明快，通行便捷。

图纸以单色墨线表现为主，刻画细致、标题字与整体设计风格相得益彰、图面工整。

不足之处在于在追求形式感的同时弱化了小庭院的游赏趣味性，空间缺少变化，铺装面积过大导致植物景观设计过于简单。

方案 10：作者阿茹娜（图 3-178、图 3-179）

评析：

本方案设计图纸内容齐全，工作量饱满，对场地现状分析较为充分，空间布局合理。方案通过模拟自然河道的曲线形态贯穿全园，沿曲线逐渐展开空间布局，空间变化丰富，节奏舒缓。在满足庭园功能需求的同时，从空间形态、造景手法、视点变换等方面进行了较为细致的设计，其中模拟山泉的水景设计

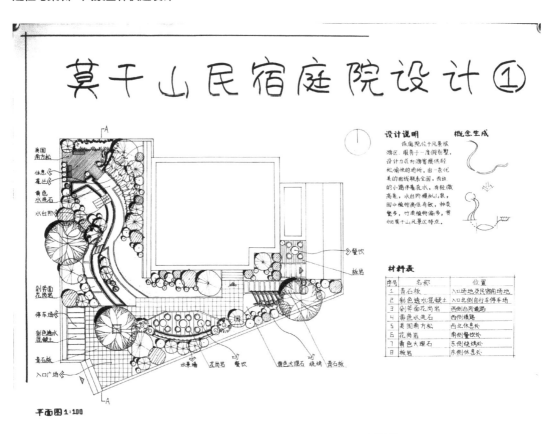

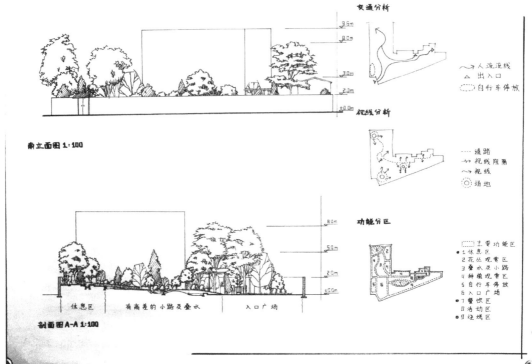

图 3-178　方案设计图一

莫干山民宿庭院设计②

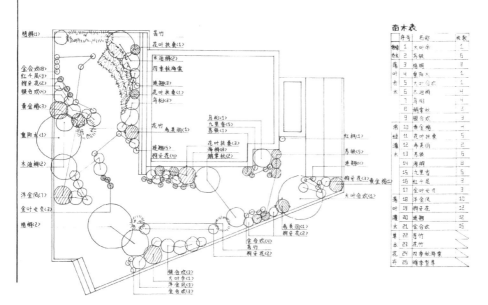

种植设计图 1:100

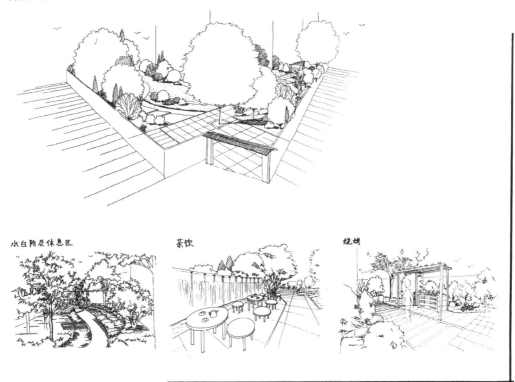

水台阶及休息区　　茶饮　　烧烤

图 3-179　方案设计图二

与周边环境形成了良好的呼应与融合。植物种植合理、形式丰富、疏密有致。

图纸以单色墨线表现为主，刻画细致，植物形态准确、美观，具有明确的区分度，图面工整。

不足之处在于鸟瞰图的视角选择不是很理想，对园内重点景观的展示不够清晰。

方案 11：作者卜源（图 3-180）

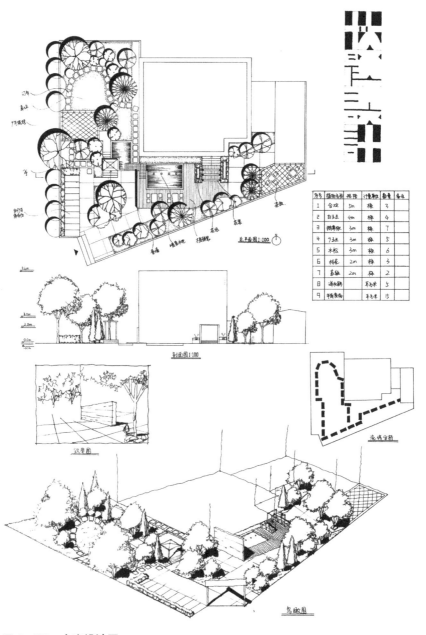

图 3-180　方案设计图

评析：

本方案设计图纸内容齐全、功能布局合理、舒朗有序。空间设计开合变化丰富，各功能区之间既独立又相互连通，园内游赏路线较为丰富，造景元素及手法应用丰富合理，喷泉水吧的设计较具创意。植物种植合理，疏密变化丰富。

图纸以单色墨线表现为主，刻画细致，植物形态美观，图面工整。

不足之处在于忽视了建筑西侧的排水沟的存在，喷泉水吧的景墙形态呆板，体量略显庞大。此外，院门至民宿入口的交通设计中只考虑了人行的需求，忽略了经营性民宿必要的机动车通勤需求。

方案 12：作者王黎明（图 3-181）

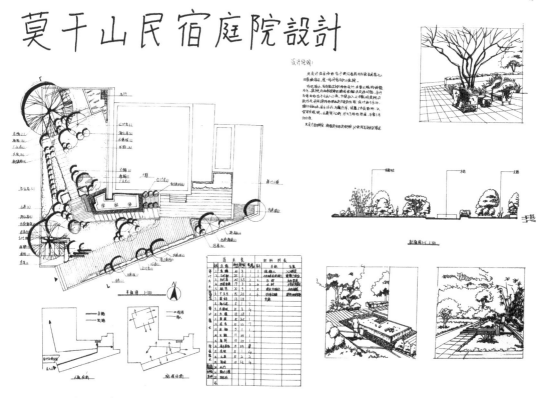

图 3-181　方案设计图

评析：

本方案设计图纸内容齐全，结构清晰、简洁。本方案将庭园游赏及活动区域集中于建筑西南庭园空间，在有限的庭园空间内通过简洁的通行园路串联起各个功能区域，最大限度的实现了庭园内的绿化面积，植物种植合理、种类丰富，种植形式具有一定变化。

图纸以单色墨线表现为主，刻画认真、图面工整。

不足之处在于庭园内的停留、活动空间的面积略显局促，水景形态有些随意，与周围景观环境缺少呼应。字体不够美观，书写应进一步规范、工整。

方案 13：作者廖怡（图 3-182）

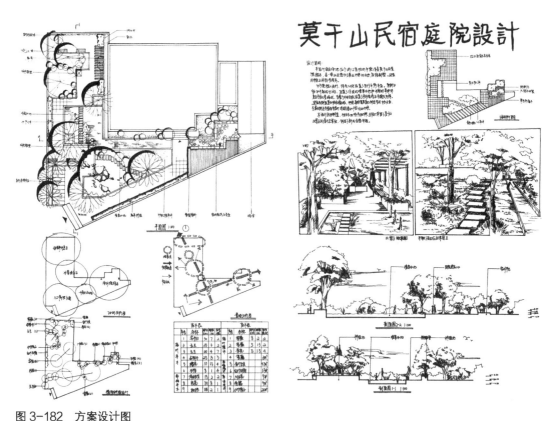

图 3-182　方案设计图

评析：

本方案设计图纸内容齐全、重点突出、结构合理。本方案采用的也是将庭园游赏、活动等内容集中设置在建筑西、南侧空间，空间变化丰富、开合有序，通过不同通行路径的设定，使庭园游赏产生丰富的变化，在狭小的院落空间内营造出体验丰富的园林景观。水景设计动静结合，具有较好的参与性。植物种植合理，在游赏区形成良好景观效果的同时也提供了有效的遮阴。

图纸以单色墨线表现为主，刻画细腻，植物形态表达准确、美观，具有较高的识别性，图面工整。

不足之处在于庭园内东南角的茶座区域忽视了遮阴、避雨的功能需求。字体不够美观，书写应进一步规范、工整。

方案 14：作者张舒（图 3-183）

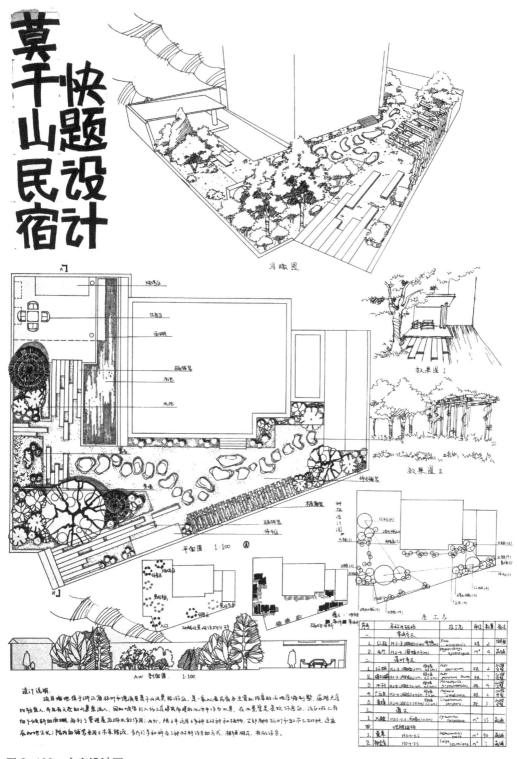

图 3-183　方案设计图

评析：

本方案设计图纸内容齐全，设计手法较具个性，满足了庭园基本功能需求。作者通过大面积的碎石铺地控制住了庭园的主体空间，辅以不同形式的条石、置石铺地，既满足了人的通行需求又丰富了庭院的景观效果。碎石铺地与真实水景既是对比又是对水景在意上的延续，使整个庭园的景观仿佛临河而建，景观感受轻松惬意，十分贴合旅游型民宿庭院的景观定位。

图纸以单色墨线表现为主，简单点缀水景色彩、刻画认真、表达形式独特、图面工整。

不足之处在于交通便捷性稍显不足，尤其是在入口通行区域，如进一步区划前庭后院将更为理想。此外，建议用黑色字体进行文字书写。

后 记 | POSTSCRIPT

　　书稿的完成既是对多年来教学成果的梳理与整合，也是对从教后有关风景园林快速设计培训的回顾与追问。良好的快题设计能力绝不是单纯地追求炫目的图面表达效果，而应是以优秀的设计潜质养成为第一目标，在此基础上通过规范性强、整体感好、技法娴熟的表现形式将设计方案在规定的时间内呈现在图纸上。而设计潜质的养成不是一蹴而就的事情，贾东教授所著的《徒手线条表达》一书中对设计养成如是写到"设计养成，是指通过日积月累的训练达到一个相对稳定的素质平台。""设计养成，徒手线条表达始终是一个途径、一个根本。"而这也正是园林快题设计练习中的关键所在。《徒手线条表达》一书对笔者更深刻理解潜质培养、徒手设计、快速表达的本质与学习途径给予了极大启发，并应用于日常教学中，获益良多。

　　书稿的顺利完成，离不开很多人的帮助与支持。希望本书对热爱园林设计、学习园林设计特别是亟待提升快速设计能力的学习者能起到长效、实用的作用。非常感谢贾东教授奖掖后进的鼓励。贾老师是我工作上的启蒙人，使我在科研治学和待人处世方面都受益良多。在教学中，更是得到贾老师的言传身教。我对教学一事之兴趣，也大多从此而生。贾老师的为人、为师之道，是我的榜样与楷模。本书的完成，更是得到了贾老师的支持和敦促。

　　感谢中国建筑工业出版社的老师们为本书的出版所做出的辛勤工作。

　　感谢各位同学对我教学工作的支持，特别是创作出如此多优秀的设计作品。

彭　历

2018 年于北方工业大学